エムエックスネット

MXNetで作る データ分析AI プログラミング入門

Toshiyuki Sakamoto
坂本俊之 著

C&R研究所

■権利について

- 本書に記述されている社名・製品名などは、一般に各社の商標または登録商標です。
- 本書では™、©、®は割愛しています。

■本書の内容について

- 本書は著者·編集者が実際に操作した結果を慎重に検討し、著述·編集しています。ただし、本書の記述内容に関わる運用結果にまつわるあらゆる損害・障害につきましては、責任を負いませんのであらかじめご了承ください。
- 本書は2018年5月現在の情報で記述しています。

■サンプルについて

- 本書で紹介しているサンプルは、C&R研究所のホームページ(http://www.c-r.com)からダウンロードすることができます。ダウンロード方法については、4ページを参照してください。
- サンプルデータの動作などについては、著者・編集者が慎重に確認しております。ただし、サンプルデータの運用結果にまつわるあらゆる損害・障害につきましては、責任を負いませんのであらかじめご了承ください。
- サンプルデータの著作権は、著者およびC&R研究所が所有します。許可なく配布・販売することは堅く禁止します。

●本書の内容についてのお問い合わせについて

この度はC&R研究所の書籍をお買い上げいただきましてありがとうございます。本書の内容に関するお問い合わせは、「書名」「該当するページ番号」「返信先」を必ず明記の上、C&R研究所のホームページ(http://www.c-r.com/)の右上の「お問い合わせ」をクリックし、専用フォームからお送りいただくか、FAXまたは郵送で次の宛先までお送りください。お電話でのお問い合わせや本書の内容とは直接的に関係のない事柄に関するご質問にはお答えできませんので、あらかじめご了承ください。

〒950-3122 新潟県新潟市北区西名目所4083-6　株式会社 C&R研究所　編集部
FAX 025-258-2801
「MXNetで作る データ分析AIプログラミング入門」サポート係

PROLOGUE

インターネットの登場により、人々を取り巻く情報環境は一変しました。

今や、モバイル端末は当たり前のように生活に入り込んで〝スマートな〟ライフスタイルを演出し、さらに未来に目を向ければIoTやセンサーネットワークなどの普及が控えており、現代社会の情報化は逆行できないトレンドといえそうです。

そして、社会の情報化に伴い、実際に観測されたデータこそが正である、という発想によるデータ分析モデルの構築が始まりました。

これは言い換えれば、「こうであろう」という仮定に基づいた数理モデルよりも、ビッグデータをもとに作成された機械学習モデルに信頼を置こうという流れともいえます。

本書はそうしたビッグデータに対する機械学習のテクニックとして、Apache MXNetによるディープラーニングを使用した分析AIのプログラミングを紹介します。

一口にビッグデータの分析といっても、さまざまな形式を持つデータの取り扱い方法やデータの選別・可視化に関するテクニック、データから抽出可能な知見を考察する能力、機械学習モデルの選択と学習効果の測定など、さまざまな観点からの技術能力が問われることになります。

そのような、広い視点からデータを眺め、かつ、先進的な手法を用いた分析が必要になる点が、ビッグデータの分析を行う際の難しい点でもあります。

そこで本書では、幅広い分野に応用できるように、できるだけ多くの種類のニューラルネットワークを紹介する一方で、実践的な分析プログラムの作成から外れないように、数値データ・時系列データ・文章データ・グラフデータなどの異なる形式で表現されるデータを、ニューラルネットワークで扱うためのテクニックも紹介しています。

かつて、第二次世界大戦の際には、アメリカとイギリスの科学者たちによってオペレーションズ・リサーチが研究され、連合国軍の勝利に貢献しました。

そのように、情報をいかに分析し、行動の選択に反映させるかという技術は、時には一国の運命を左右させかねない大きな力を持っています。

単純なビジネス上のシーンにおいても、ビッグデータの分析という根拠を持って判断を行うのと、個人の経験と勘に基づいて判断を行うのとでは、成否については比較実験が不可能なので置いておきますが、他者に対する説得力の点でまるで異なったものになります。

ビッグデータという、人々をユートピアにもディストピアにも導きうる巨大な魔物を、人類が手なずけ従わせるツールとして、本書の内容が助けになることを祈り、前書きとさせていただきます。

2018年5月

坂本 俊之

本書について

対象読者について

本書は、Pythonでの開発経験がある方を読者対象としています。本書では、Pythonの基礎知識については解説を省略しています。あらかじめ、ご了承ください。

本書の動作環境について

本書では、下記の環境で執筆および動作確認を行っています。

- Ubuntu 16.04 LTS
- Python 3.5.2
- MXNet 1.2.0

サンプルコードの中の▼について

本書に記載したサンプルコードは、誌面の都合上、1つのサンプルコードがページをまたがって記載されていることがあります。その場合は▼の記号で、1つのコードであることを表しています。

サンプルファイルのダウンロードについて

本書で紹介しているサンプルデータは、C&R研究所のホームページからダウンロードすることができます。本書のサンプルを入手するには、次のように操作します。

❶「http://www.c-r.com/」にアクセスします。

❷トップページ左上の「商品検索」欄に「249-5」と入力し、[検索]ボタンをクリックします。

❸検索結果が表示されるので、本書の書名のリンクをクリックします。

❹書籍詳細ページが表示されるので、[サンプルデータダウンロード]ボタンをクリックします。

❺下記の「ユーザー名」と「パスワード」を入力し、ダウンロードページにアクセスします。

❻「サンプルデータ」のリンク先のファイルをダウンロードし、保存します。

サンプルのダウンロードに必要な
ユーザー名とパスワード

ユーザー名　**mxnet**

パスワード　**t249s**

※ユーザー名・パスワードは、半角英数字で入力してください。また、「J」と「j」や「K」と「k」などの大文字と小文字の違いもありますので、よく確認して入力してください。

サンプルファイルの利用方法について

サンプルはZIP形式で圧縮してありますので、解凍してお使いください。

CONTENTS

CHAPTER 01

データ分析AIとは

CHAPTER 02

雑多なデータの分類

CHAPTER 03

数値の予想

CHAPTER 04

教師なし学習とクラスタリング

CHAPTER 05

自然言語分類

CHAPTER 06

自然言語文章の分析

CHAPTER 07

画像に対する類似学習

CHAPTER 08

グラフで表されるデータの分析

COLUMN

CHAPTER 01

データ分析AIとは

SECTION-001

データの分析とディープラーニング

インターネットの登場とビッグデータブームを経て、コンピューター上にあるデータをもとに判断を行わなければならないシーンは、日増しに増えています。

そして、そうしたデータをうまく扱うことができる企業は、ビジネス上の成功にありつき、そうでない企業は辛酸をなめることになります。

本書では、さまざまな形式のデータから、「有用な(主にビジネス上の判断やシステム構築の足しになるという意味で)」知見を抽出する手法として、ディープラーニングによるニューラルネットワークの学習を取り上げます。

数理モデル解析とデータ分析AI

人間の人生とは判断の連続ですが、人間は判断を下すときに、何らかの情報をもとにしなければなりません。

その情報とは、たとえば、このような場合はこうすればよいという経験則であったり、このような場合にはこのようにしなさいという教育であったり、そのほか、その人の人生経験全般であったりするかもしれませんが、とにかく人間は誰しも、判断を下すときには、その人が持っている何らかの情報をもとにしています。

そして、一般的な情報、つまりデータから、判断の根拠となり得る知見を抽出する行為を、データの解析または分析と呼びます。

◆ AIによるデータ分析とは

AI、特に複雑なニューラルネットワークによる情報処理は、その内部構造が機械学習によってブラックボックス化されてしまい、動作原理の解明が難しいという点で、数理モデルによるデータ解析とは対照的です。

数理モデルによるデータ解析では、モデルの動作原理はまず明らかになっており、その動作原理が適用可能であるという仮定のもとでデータ解析を行います。

そのような手法は、たとえば統計モデルや線型モデルによる解析が可能な場合には有効なのですが、現実の問題としてそれらのモデルでは解析できないデータを〝解析〟しなければ、有効な判断を下すことができないシーンも存在します(数学畑の解析屋さんにとっては、そのような情報処理を「解析」とは呼びたくないかもしれないので、これ以降は〝解析〟と〝分析〟で用語を分けることにします)。

その点、機械学習モデルによる処理機械、特にニューラルネットワークは、実に柔軟に、さまざまな形式のデータを扱うことができるため、実用上、非常に重宝されています。

実際、FacebookやGoogleなど、インターネットの巨人といわれる大企業では、AI(ここでは機械学習によって作成されたモデル)を使用したビッグデータの分析結果を、さまざまなサービスの向上や経営判断に利用しています。

実際のところ、AIによるデータ分析では、ほとんど経験則的にうまく動くと思われているだけのモデルを使用したり、テスト用データに対してなんとなくそれらしい結果が出たという結果から実データにモデルを適用したりと、厳密な意味での「解析」とはほど遠いデータ分析を行って結果を出している部分があります。

しかし、現実世界に存在する雑多なデータの前では、そのような分析であっても「ないよりまし」ですし、実際にそれで多くのビジネスチャンスや便利な機能が生み出されていることは間違いないのです。

◆データ分析AIの先に

ビッグデータを扱う分野では、AIは人間では扱うことができないようなサイズのデータを分析して、人間に対して判断の根拠となる情報を提示します。

しかし、それは端的にいってしまえば、「人間が扱えないサイズのデータを人間が扱えるサイズに圧縮している」だけともいえ、AIの判断を信じるかどうかのイニシアチブは人間の側にあることが普通です（株の予想AIについて考えてみましょう）。

一方でAIを作成するという観点からその応用分野を考えたとき、AIの行動を決定するための判断基準として、データの分析は重要な要素となります（株の自動売買AIについて考えてみましょう）。

本書で紹介するAIは、そのような行動目的を持ったアプリケーションとしてのAIではなく、アプリケーションに対して行動の判断基準を提供しうる、データの分析、データマイニングに関係するAIです。

◉データ分析AIとは

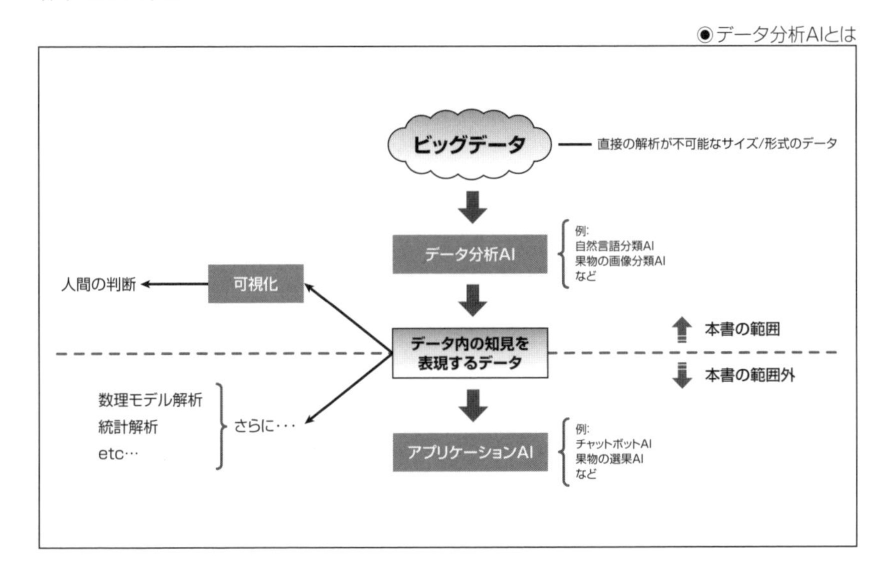

本書の構成

本書は、Apache MXNetによるディープラーニングについての、プログラミングを紹介する技術書です。

そのため、この章を除くすべての章で解説の中心となるものは、Python言語によるプログラミングであり、ニューラルネットワークのモデルを構築してデータを学習させるという内容になります。

ニューラルネットワークの出力結果を基にした、統計解析や数値分析については、本書では扱いません。分析結果の可視化については、主にMatPlotLibによるグラフ図の作成を通じて、簡単に紹介しています。分析結果を評価するための、統計分野における手法は、F1スコアなど、一般的な数値を使用するだけで、特に解説しません。

◆本書で扱う内容

ビッグデータと一口にいっても、それはさまざまな目的で収集された膨大なデータであり、データセットの大きさも形式も、統一されてはいません。

そのため、データ分析AIの作成では、まずどのような形式のデータを扱うかという点が重要になります。

本書では、できるだけ実践的な内容を紹介するために、ニューラルネットワークの学習だけではなく、データの取り扱いに関するテクニックや、データの事前処理の部分も紹介しています。

本書のCHAPTER 2とCHAPTER 3ではcsvファイルに保存された数値データを扱いますが、CHAPTER 4ではGPSのトラッキングログという時系列データを、CHAPTER 5とCHAPTER 6では文章データを、CHAPTER 7では画像データを、CHAPTER 8では有向グラフを扱います。

●本書で紹介する内容

章	扱うデータ形式	使用するニューラルネットワーク	紹介する問題の種類
CHAPTER 02	数値データ	順伝播型ニューラルネットワーク（多層パーセプトロン）	クラス分類
CHAPTER 03			回帰
CHAPTER 04	時系列データ	オートエンコーダー	クラスタリング
CHAPTER 05	文章	畳み込みニューラルネットワーク	クラス分類
CHAPTER 06		Recurrent Neural Network	分散表現
CHAPTER 07	画像	畳み込みニューラルネットワーク	類似学習
CHAPTER 08	有向グラフ	Deep Embedded Clustering	分散表現/クラスタリング

また、できるだけたくさんの種類のニューラルネットワークを紹介したかったので、それぞれの章でできるだけ異なる種類のニューラルネットワークを扱うように、章の内容を構成しました。

そのため、時には、与えられた問題を解くための最適解ではない手法を使っている箇所もありますが、本書で紹介したデータの前処理と、ニューラルネットワークの学習を組み合わせることで、だいぶ広い範囲のデータを分析できるテクニックが身に付くはずです。

◆本書で紹介する技術

データ分析AIの作成では、分析するデータの形式に合わせてAIの処理を作成することになります。

機械学習の手法は大きく分けて、正解となるデータが存在する場合に使用する教師あり学習と、存在しない場合に使用する教師なし学習の2つに分類することができます。

しかし、その分類の他にも、データを機械学習が可能な形式で表現するためのテクニックが必要ですし、教師あり／なし学習にしても目的に応じてさまざまな手法が存在します。

そのため、1つのデータに対するテクニックを学ぶだけでは不十分で、いろいろなシーンで応用できるテクニックを組み合わせて、その都度、適切な処理を組み立てる必要があります。

◉本書で紹介する技術の構成図

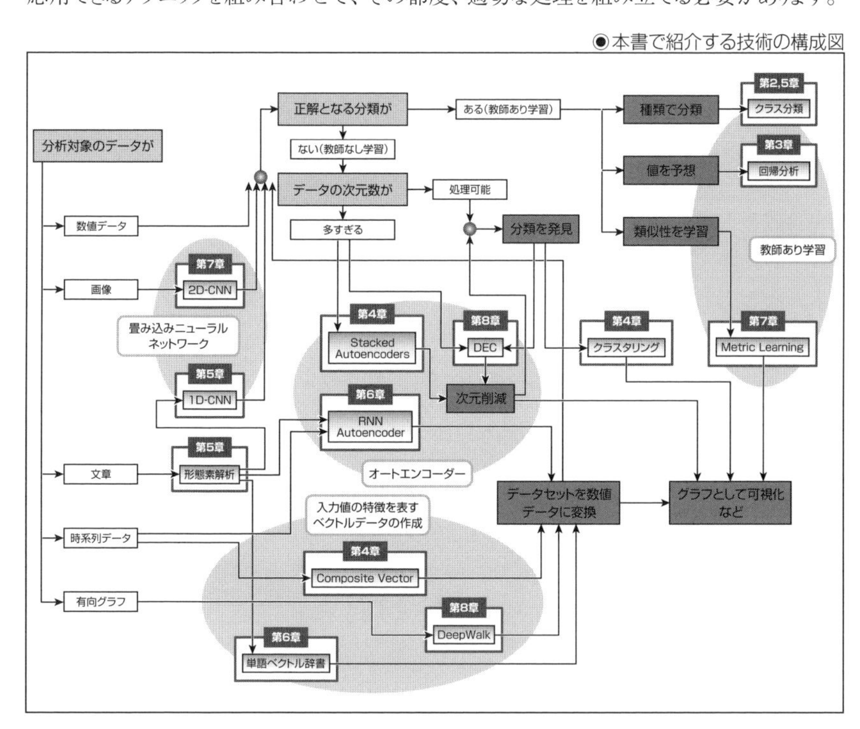

上図は、本書で紹介する内容に含まれているテクニックと、そのテクニックを利用できるシーンを表したチャート図です。

本書はできるだけ広い範囲のデータおよびニューラルネットワークの種類をカバーしようとしましたが、当然不完全な部分もあるので、上図を参考に、本書で紹介する内容が、問題となるデータ分析に応用できそうか、検討してみてください。

SECTION-002

ディープラーニングの基礎知識

本書では、データ分析の手法のうちでも、ニューラルネットワークを使用した機械学習アルゴリズムについて紹介します。

深い階層のニューラルネットワークに対する機械学習は、ディープラーニングと呼ばれ、現在のAIブームを牽引する主要な技術となっています。

ニューラルネットワークとは

「深い階層」のニューラルネットワークと呼んだように、ディープラーニングで使用するニューラルネットワークは、階層構造を持っていることが特徴です。

このようなニューラルネットワークを、順伝播型ニューラルネットワークと呼び、本書では主に**多層パーセプトロン**という種類のニューラルネットワークを使用します。

◉ニューラルネットワークとは

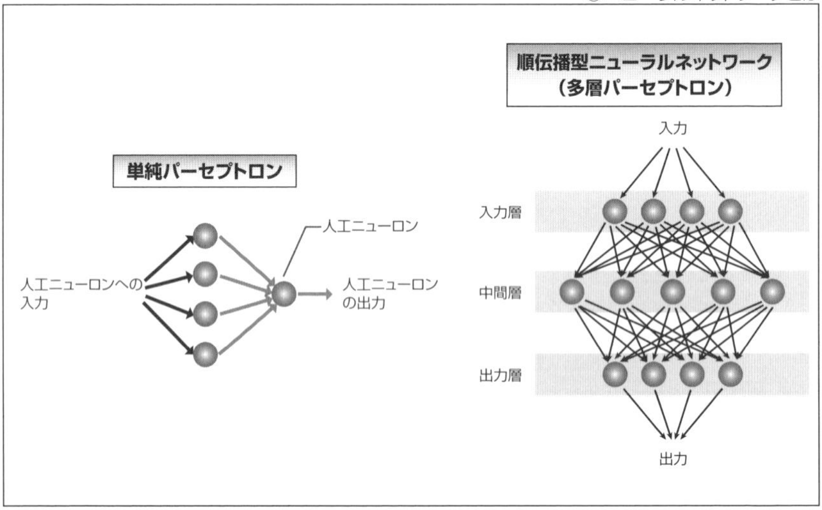

上図は、ニューラルネットワークの構造について表しています。

ニューラルネットワークを構成するものは、人工ニューロン（パーセプトロン）という小さなプログラムで、このプログラムは、複数の入力に対して、それぞれの重み付けと合算を行った結果を返します。

◆計算グラフ

ニューラルネットワーク全体は多数の人工ニューロンから成り立っていますが、人工ニューロンそのものは単純な計算を行っているだけなので、ニューラルネットワーク内にあるすべての計算式を求めることができます。

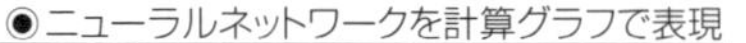
◉ニューラルネットワークを計算グラフで表現

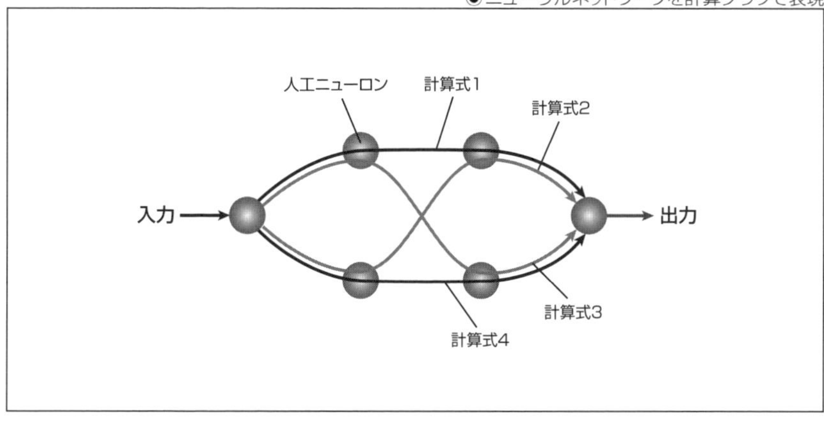

このようにして作成された計算式を、**計算グラフ**と呼びます。

ニューラルネットワークの入出力は一般的に、多次元のベクトルデータとなるので、ニューラルネットワーク内の計算式とは常にベクトル計算または行列計算のことを指します。

◉学習パラメーター

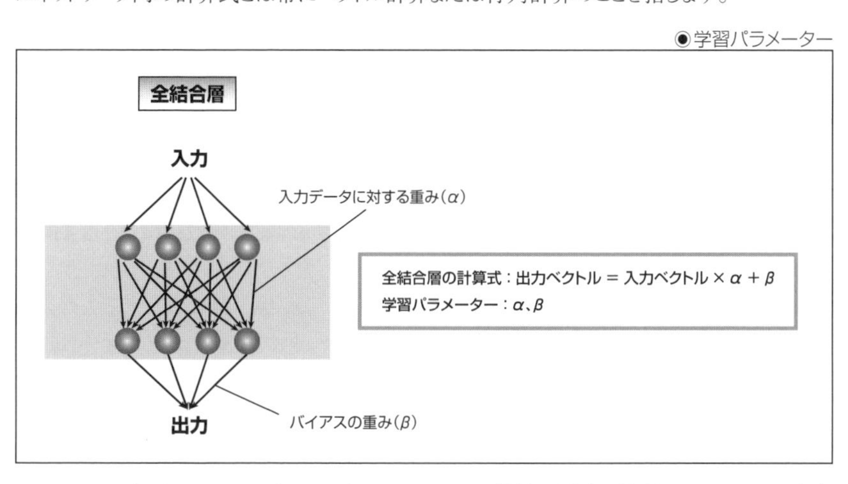

ニューラルネットワークでは上図のように、それぞれの接続に対する学習パラメーターが存在しているため、計算グラフは、学習パラメーターを含んだ多数の行列計算の集合となります。

順伝播と逆伝播

この計算グラフは、ニューラルネットワーク内の全計算を表していますが、ニューラルネットワークに入力したデータからニューラルネットワークの出力値を求めること(計算グラフを順番にたどること)を、**順伝播**と呼びます。

また、その逆に、ニューラルネットワークの出力から計算グラフを逆にたどり、数値微分により式内の学習パラメーターを更新していく作業を**逆伝播**と呼びます。

◆損失関数

ニューラルネットワークの学習で重要となるのが、**損失関数**と呼ばれる関数です。

◉損失関数

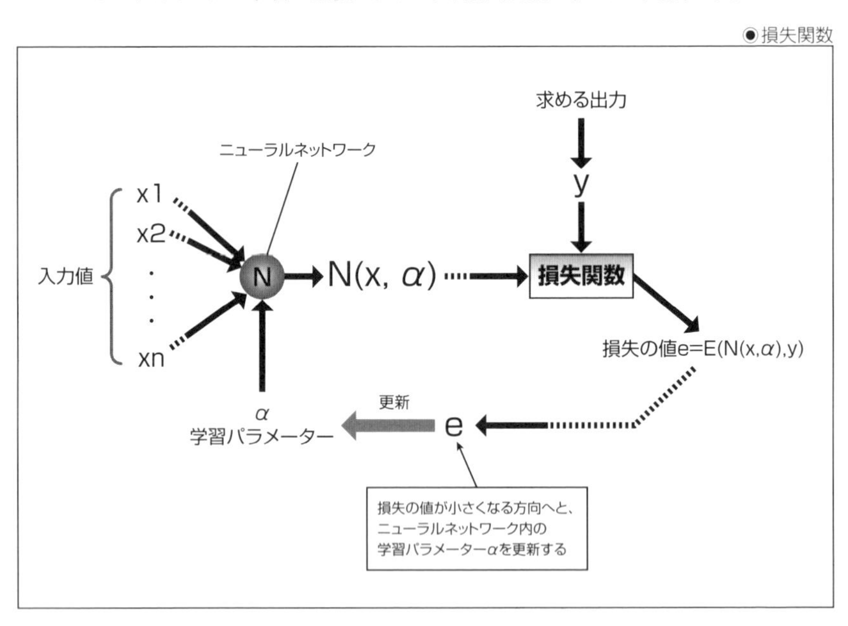

損失関数は、ニューラルネットワークの現在の出力と、本来望ましい出力との差を返す関数と定義できます。

そして、ニューラルネットワークに対する学習アルゴリズムは、損失関数の返す損失の値が小さくなる方向へと、ニューラルネットワーク内の学習パラメーターを更新するように動作します。

つまり、ニューラルネットワークを「N」、損失関数を「E」、学習パラメーターを「α」、入力データおよび求める出力を「x」「y」とすると、ディープラーニングとは、「$E(N(x,\alpha),y)$」が極小値を取る「α」を求める問題、と言い換えることができます。

◆活性化関数

活性化関数とは、ニューラルネットワークの層と層との間に使用して、計算グラフに非線形の要素を挿入する関数です。

これまでに解説したとおり、ニューラルネットワークの要素となる人工ニューロンは単純な計算のみを行うのですが、この人工ニューロンをそのまま多数、接続しても、やはり単純な計算式と等価な処理しか行うことができません。

しかし、複数の層からなるニューラルネットワークにおいて、層と層との間に非線形な関数を挿入すると、層から層へと情報が伝播する際に、IF文を挿入したような効果をもたらすことになります。

そのため、ディープラーニングでは活性化関数が必須となります。

下図は、本書で使用する活性化関数の種類と、そのグラフの形を表しています。

◉本書で使用する活性化関数

関数名	グラフの形	定義	出力値の範囲
tanh関数	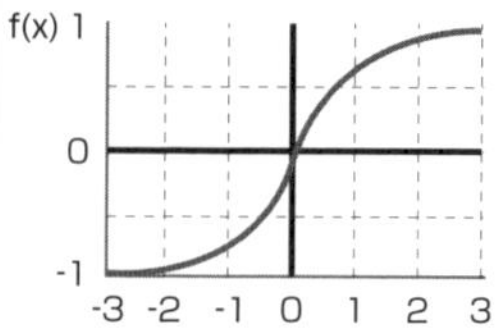	$\dfrac{\sinh(x)}{\cosh(x)}$	−1〜1
ReLU関数	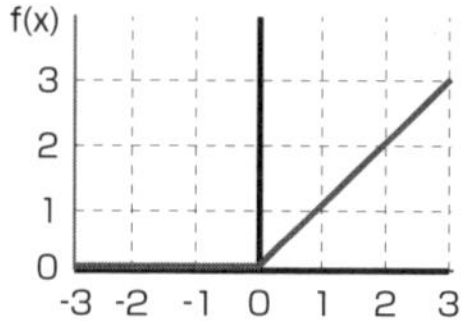	$\begin{cases} x(x>0) \\ 0(x \leqq 0) \end{cases}$	0 〜 ∞
Leaky ReLU関数	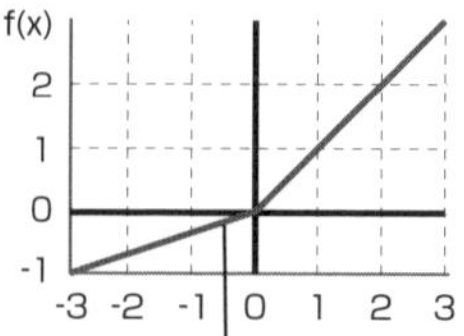 定数ιで傾きを指定	$\begin{cases} x(x>0) \\ \iota x(x \leqq 0) \end{cases}$ ※ιは0.01〜0.2程度の定数	−∞ 〜 ∞

活性化関数にはニューラルネットワークに非線形の要素を挿入するほかにも、ニューラルネットワークが扱うデータの範囲を決定するという役割もあります。

SECTION-003

環境構築

本書では、実際のプログラムのコードをもとに、データを分析するニューラルネットワークの構築と機械学習の手順を紹介します。

そこでここでは、本書で紹介する内容を実行するために必要な、コンピューターの環境を構築します。

使用するフレームワーク

ニューラルネットワークに対する機械学習を行うためのフレームワークはいくつか存在していますが、本書ではApache MXNetを使用した学習を行います。

◆ Gluonによるニューラルネットワークの構築

Gluonとは、MicrosoftとAmazonが共同で提供しているディープラーニング用のAPIセットで、Apache MXNetと連携してディープラーニングを行います。

また、Gluonは将来的にはMicrosoft Cognitive Toolkitというフレームワークもサポートする予定で、複数のフレームワークの上位APIとして、共通のインターフェイスでディープラーニングが行えるようになることを目指しています。

本書では、基本的にこのGluonのAPIを使用してニューラルネットワークを扱います。

GluonのAPIは、Apache MXNetに付属しているので、Apache MXNetをインストールすればそのまま利用できるようになります。

Pythonライブラリのインストール

本書の内容は、Python 3の動作する環境であれば実行可能です。

本書が推奨する実行環境は、Ubuntu OSかmacOSが動作する、NVIDIA製の最新GPUを搭載したマシンとなります。GPUはディープラーニングの高速化のために使用するので必ずしも必須ではありませんが、ディープラーニングでは計算時間が多く必要になるので、GPUのほか、できるだけ多くのメモリと高速なCPUを搭載していることが望ましいです。

◆ Pythonのインストール

まずは、Python 3の実行環境を構築します。

Ubuntu OSを通常のオプションでインストールすれば、Python 3の環境は含まれているはずなので、まずは次のコマンドでpython3コマンドのバージョンを確認します。

```
$ python3 --version
Python 3.5.2
$ pip3 --version
pip 9.0.1 from /home/ubuntu/.local/lib/python3.5/site-packages (python 3.5)
```

もし、Python 3と「pip3」コマンドがインストールされていない場合は、次のコマンドを使用してPython 3環境をインストールします。

```
$ sudo apt update
$ sudo apt-get install python3
$ sudo apt-get install python3-pip
$ sudo apt-get install python-dev libpq-dev
$ sudo pip3 install --upgrade pip
```

また、macOSでは、Xcodeのコマンドラインツールをインストールしたのち、次のコマンドを使用してPython 3の環境をインストールします。

```
$ /usr/bin/ruby -e \
"$(curl -fsSL https://raw.githubusercontent.com/Homebrew/install/master/install)"
$ export PATH=/usr/local/bin:/usr/local/sbin:$PATH
$ brew install python3
$ pip3 install --upgrade pip
$ pip3 install --upgrade setuptools
```

◆ Apache MXNetのインストール

Apache MXNetのインストールは、pip3コマンドを使用して次のように行います。

```
$ sudo pip3 install mxnet
```

上記のコマンドは、GPUを使用しないCPUのみで動作するApache MXNetをインストールします。

もし、GPUを使用してディープラーニングを行う場合は、まずNVIDIAのホームページから、ディープラーニング用のGPUドライバであるCUDA ToolkitとcuDNNをインストールします。

CUDA ToolkitとcuDNNのURLは下記になります。

- CUDA Toolkit

  URL https://developer.nvidia.com/cuda-downloads

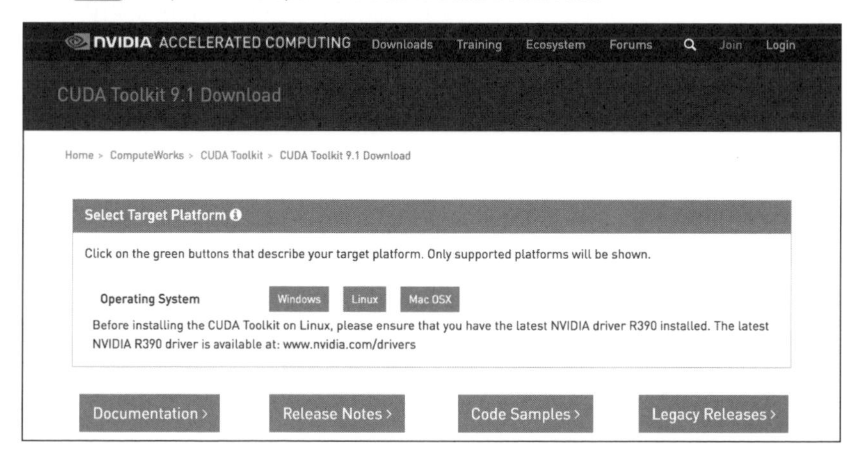

- cuDNN

URL https://developer.nvidia.com/cudnn

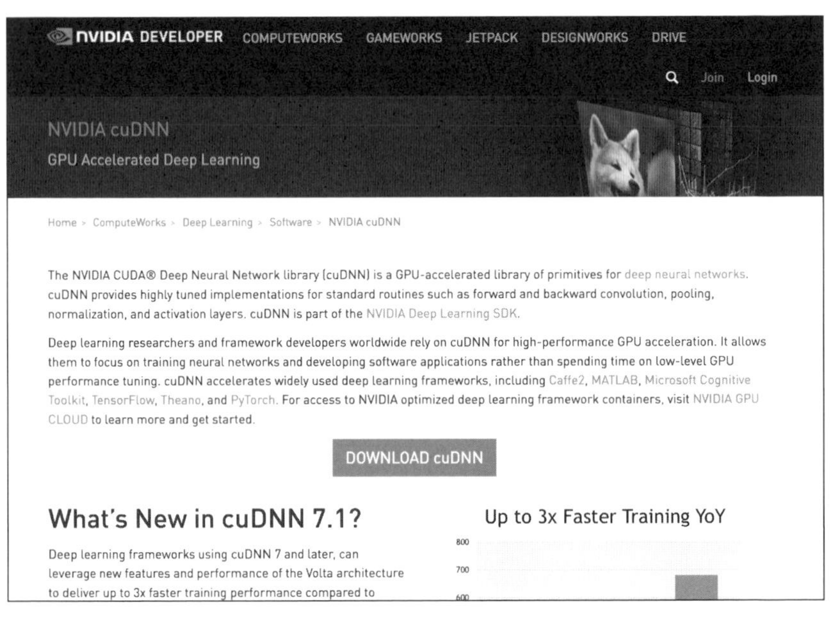

そして、インストールしたCUDA Toolkitのバージョンに応じたApache MXNetをインストールします。たとえば、cuda 9.0を使用する場合は、Apache MXNetのインストールは次のようになります。

```
$ sudo pip3 install mxnet-cu90
```

なお、現在のバージョンのApache MXNetでは、GPUを使用した場合に、まれに学習が不安定になったりメモリリークが発生する場合があるようです。その場合はCPUのみで動作するApache MXNetを使用するか、次のように環境変数の「MXNET_CUDNN_AUTOTUNE_DEFAULT」を設定して、GPUメモリの最適化方法を調整します。

```
$ export MXNET_CUDNN_AUTOTUNE_DEFAULT=0   # 0~2の値を設定する
```

◆必要なライブラリをインストール

そのほか、本書で紹介しているプログラムで使用しているPythonライブラリをインストールします。

Ubuntu OSを利用する場合、必要なPythonライブラリをインストールするコマンドは次のようになります。

```
$ sudo pip3 install graphviz
$ sudo pip3 install pandas
$ sudo pip3 install matplotlib
$ sudo pip3 install pyproj
$ sudo pip3 install gensim
$ sudo pip3 install networkx
```

また、macOSで利用する場合は、必要なPythonライブラリをインストールするコマンドは次のようになります。

```
$ sudo brew install graphviz
$ sudo pip3 install graphviz
$ sudo pip3 install pandas
$ sudo pip3 install matplotlib
$ sudo pip3 install pyproj
$ sudo pip3 install gensim
$ sudo pip3 install networkx
```

COLUMN

データ分析AIは「人工"知能"」なのか?

最近の人工知能ブームでは、「～ができるAIが作成された」などといったニュースが毎日のように飛び込んできます。

それに比べると、データ分析やビッグデータ分析という仕事の分野では、今ひとつインパクトのあるニュースに欠けるところがあるかもしれません。

それでも、AIの登場に伴って利用可能になったさまざまなアルゴリズムを駆使して、以前よりはるかに高度な分析が可能になったことは間違いないのですが、ここで浮かぶのは、「データ分析アルゴリズムはAIなのか?」という問いかけです。

それというのも、データ分析の目的はデータから有効な知見を抽出することにあるのですが、どれほど高度な分析処理でも、アルゴリズムが行うのは単にデータを分析して可視化するところまでで、そこから何らかの知見を得るのは人間の側の仕事である、ともいえるからです。

しかし、はたして「分析」は「知能」が行う作業か、それとも単なる「処理」か、と考えると、「知能とは何か?」といった哲学的な問いに行き着かざるを得ません。

その問いに明確な答えはないので、本書では最近の人工知能ブームで使われている文脈においての「AI」、つまり機械学習特にディープラーニングによって作成されたモデルに対して、「データ分析AI」と呼ぶことにしました。

CHAPTER 02
雑多なデータの分類

SECTION-004

Apache MXNetによるデータの分類

データ分析AIの目的は特定の領域に関する一定数のデータセットから、有効な知見を導き出すことにあります。機械学習によるデータ分析の大きな応用分野の1つに、データをいくつかの分類に分離する問題があります。

この章では、Apache MXNetの基礎的な紹介も兼ねて、簡単なデータ分類問題にチャレンジしてみます。

この章で扱う課題

現在ではデータ分析の練習問題として利用できる、さまざまなデータセットが、いろいろな組織・大学から公開されています。

この章では、カリフォルニア大学アーバイン校（UCI）が公開している**UCI Machine Learning Repository**という機械学習用のデータセットから、「**Horse Colic Data Set**」というデータセットを使用します。

このデータセットは、病気になった馬の症状などからなる多変量データセットで、手術の有無や体温、心拍数、呼吸数などのパラメーターに、最終的にその馬がどのようになったかと、死後の解剖に基づく病変の部位が記載されています。

馬の症状を表す数値についてはHorse Colic Data Setのページ内に、取り得る値の範囲や、その意味について解説があります。

本書で扱う内容においては、数値の意味についてはあまり考慮する必要はないのですが、参考までにデータセットの内容について紹介しておくと、それぞれの行は28個のパラメーターからなっており、それぞれのパラメーターの意味は、次の通りです。

- 手術を受けたか
- 年齢
- 病院番号
- 体温
- 心拍数
- 呼吸数
- 四肢の温度
- 末梢の心拍
- 粘膜の色
- 毛細血管再充填時間
- 痛みを感じているか
- 蠕動
- 腹部膨満
- 経鼻胃管からのガス
- 経鼻胃逆流
- 経鼻胃逆流液PH
- 便、腹部の状態
- 赤血球数
- 総タンパク
- 血清
- 血清中のタンパク
- 最終的な結果
- 外科的な病変があるか
- 病変の部位（3箇所まで）
- 病理データかどうか

◆データから選られる知見を考える

データセットから有効な知見を発見することが、データを分析する目的となりますが、データを分析する前に、有効な知見とは何を指すのか、つまりデータを分析する目的を設定する必要があります。

「Horse Colic Data Set」データセットには、馬の病気の症状と、その結果および死後の解剖に基づく事後的な病気の理由が含まれています。

そのため、このデータセットからは、馬の症状から最終的な結果（生存か死亡か）を予測する、馬の症状から病変の部位を判断する（解剖をせずに判断する）、手術を行うべきかを判断する（手術した・しないの先例から）、観測不可能なパラメーターを予測する（検査機器のない状態で赤血球数などを予測する）などのさまざまな知見を導出可能であると考えられます。

この章では病変の部位については扱わず、単純に馬の症状から最終的な結果（生存・死亡・安楽死の3択）を分類するニューラルネットワークを作成します。つまり、データセットに用意されている項目と同じ種類のデータを入力すると、その症状を示す馬が最終的に生存できるか死亡あるいは安楽死するかを予測するAIを作成する、ということです。

◆線形なデータと離散的なデータ

「Horse Colic Data Set」データセットには、体温などの線形なデータと、粘膜の色など、離散的なデータの両方が含まれているという特徴があります。

線形なデータとはつまり、温度の値のように、任意の値を取りうる値のことです（馬の体温の場合は常温が37.8度）。

一方の離散的なデータとは、取りうる値が決まっているデータのことで、それぞれの値が何を意味するか、別の定義が存在します。

たとえば、「Horse Colic Data Set」に含まれる粘膜の色の場合、取りうる値は、次のいずれか（および欠損データ）となります。

- 1 = 通常のピンク色
- 2 = 明るいピンク色
- 3 = 淡いピンク色
- 4 = チアノーゼを表す淡い色
- 5 = 明るい赤色
- 6 = 暗いチョコレート色

線形なデータと離散的なデータの両方が含まれているため、そのデータの取りうる値について意識しながら分析する必要があります。また、この章では、馬の最終的な結果（生存･死亡･安楽死の3択）を分類します。

このように、離散的なデータを目的変数として、入力データを分類する問題を、データ分類問題と呼びます。**データ分類問題**とは、複数のデータを、いくつかの（データの総数より少ない）クラスに分類するタイプの問題を指します。ニューラルネットワークはその動作原理から、複雑なデータを単純化して分類する問題に適応しやすく、ディープラーニングの入門問題として適しています。

◆データのダウンロード

それではまずは、UCI Machine Learning RepositoryにあるHorse Colic Data Setのページ(https://archive.ics.uci.edu/ml/datasets/Horse+Colic)を開き、「Data Folder」をクリックします。

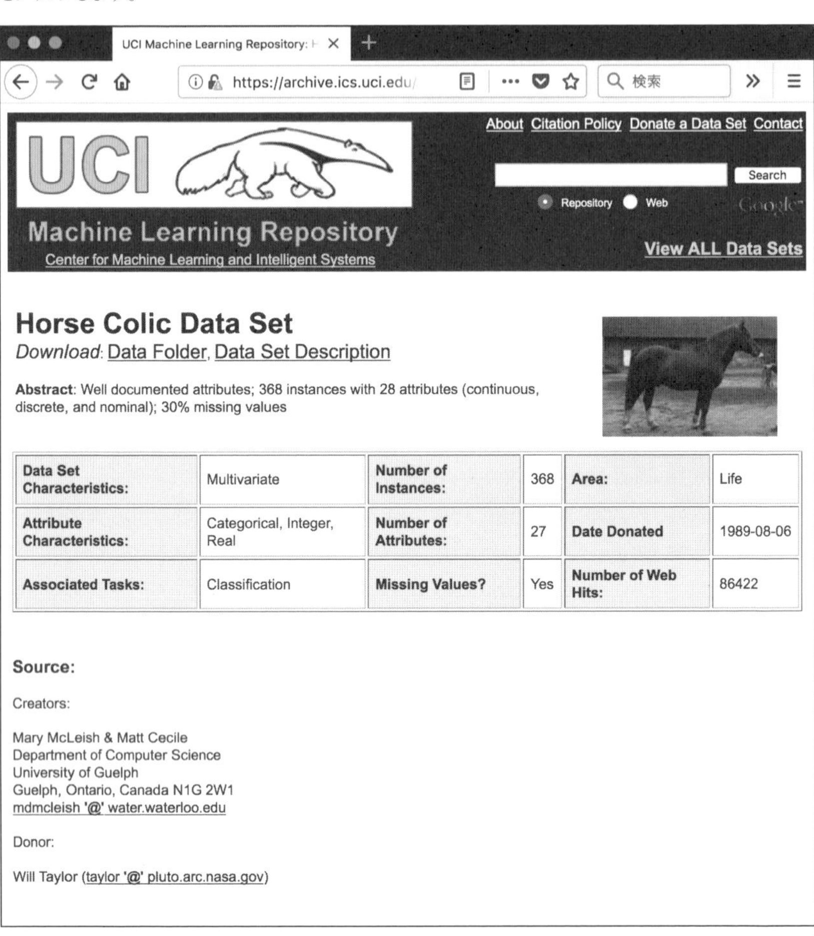

すると次のように、いくつかのファイルが表示されるので、「horse-colic.data」と「horse-colic.test」の2つのファイルをダウンロードします。

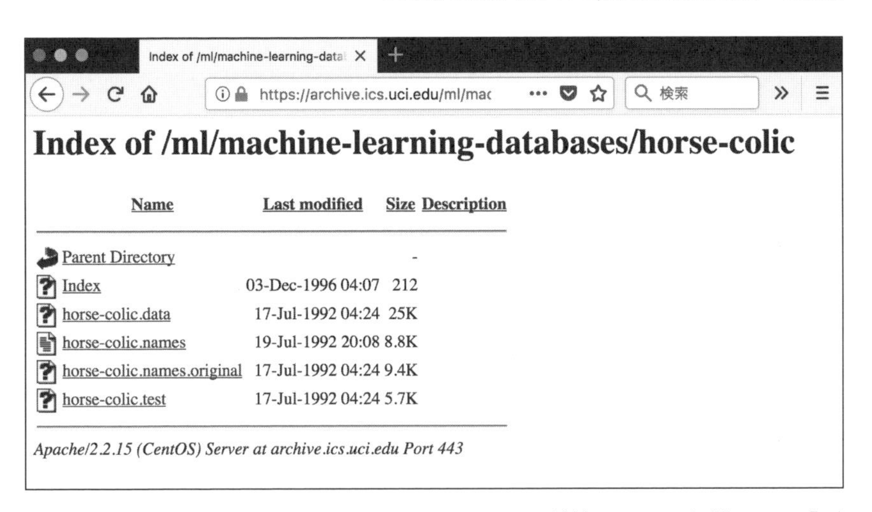

ファイルの中身は次のような、半角スペースで区切られた数値データで、欠損データは「?」で表されています。

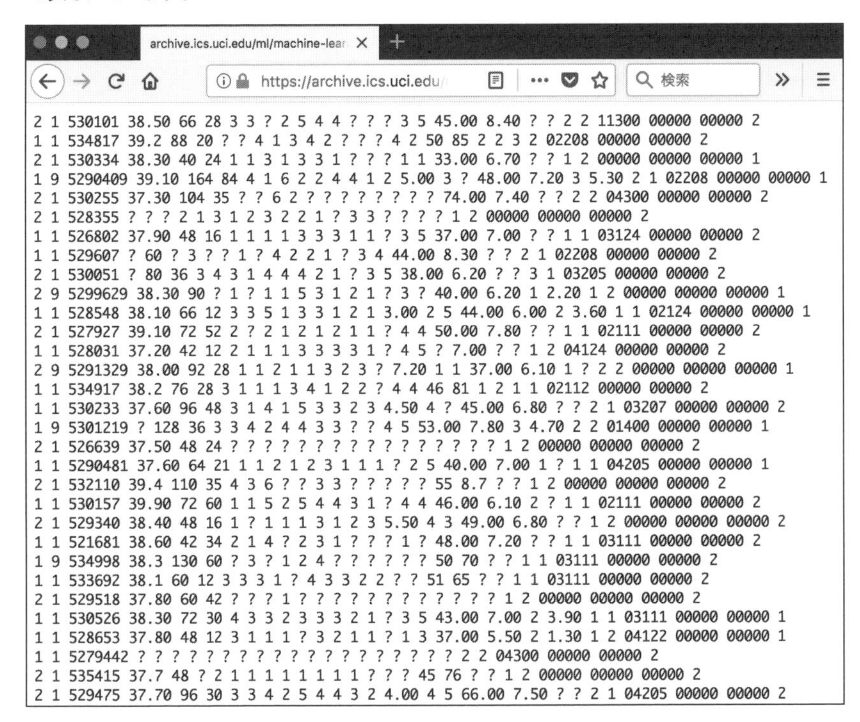


```
2 1 530101 38.50 66 28 3 3 ? 2 5 4 4 ? ? ? 3 5 45.00 8.40 ? ? 2 2 11300 00000 00000 2
1 1 534817 39.2 88 20 ? ? 4 1 3 4 2 ? ? ? 4 2 50 85 2 2 3 2 02208 00000 00000 2
2 1 530334 38.30 40 24 1 1 3 1 3 3 1 ? ? ? 1 1 33.00 6.70 ? ? 1 2 00000 00000 00000 1
1 9 5290409 39.10 164 84 4 1 6 2 2 4 4 1 2 5.00 3 ? 48.00 7.20 3 5.30 2 1 02208 00000 00000 1
2 1 530255 37.30 104 35 ? ? 6 2 ? ? ? ? ? ? ? ? 74.00 7.40 ? ? 2 2 04300 00000 00000 2
2 1 528355 ? ? ? 2 1 3 1 2 3 2 2 1 ? 3 3 ? ? ? ? 1 2 00000 00000 00000 2
1 1 526802 37.90 48 16 1 1 1 1 3 3 3 1 1 ? 3 5 37.00 7.00 ? ? 1 1 03124 00000 00000 2
1 1 529607 ? 60 ? 3 ? ? 1 ? 4 2 2 1 ? 3 4 44.00 8.30 ? ? 2 1 02208 00000 00000 2
2 1 530051 ? 80 36 3 4 3 1 4 4 4 2 1 ? 3 5 38.00 6.20 ? ? 3 1 03205 00000 00000 2
2 9 5299629 38.30 90 ? 1 ? 1 1 5 3 1 2 1 ? 3 ? 40.00 6.20 1 2.20 1 2 00000 00000 00000 1
1 1 528548 38.10 66 12 3 3 5 1 3 3 1 2 1 3.00 2 5 44.00 6.00 2 3.60 1 1 02124 00000 00000 1
2 1 527927 39.10 72 52 2 ? 2 1 2 1 2 1 1 ? 4 4 50.00 7.80 ? ? 1 1 02111 00000 00000 2
1 1 528031 37.20 42 12 2 1 1 1 3 3 3 3 1 ? 4 5 ? 7.00 ? ? 1 2 04124 00000 00000 2
2 9 5291329 38.00 92 28 1 1 2 1 1 3 2 3 ? 7.20 1 1 37.00 6.10 1 ? 2 2 00000 00000 00000 1
1 1 534917 38.2 76 28 3 1 1 1 3 4 1 2 2 ? 4 4 46 81 1 2 1 1 02112 00000 00000 2
1 1 530233 37.60 96 48 3 1 4 1 5 3 3 2 3 4.50 4 ? 45.00 6.80 ? ? 2 1 03207 00000 00000 2
1 9 5301219 ? 128 36 3 3 4 2 4 4 3 3 ? ? 4 5 53.00 7.80 3 4.70 2 2 01400 00000 00000 1
2 1 526639 37.50 48 24 ? ? ? ? ? ? ? ? ? ? ? ? ? ? ? ? 1 2 00000 00000 00000 2
1 1 5290481 37.60 64 21 1 1 2 1 2 3 1 1 1 ? 2 5 40.00 7.00 1 ? 1 1 04205 00000 00000 1
2 1 532110 39.4 110 35 4 3 6 ? ? 3 3 ? ? ? ? ? 55 8.7 ? ? 1 2 00000 00000 00000 2
1 1 530157 39.90 72 60 1 1 5 2 5 4 4 3 1 ? 4 4 46.00 6.10 2 ? 1 1 02111 00000 00000 2
2 1 529340 38.40 48 16 1 ? 1 1 1 3 1 2 3 5.50 4 3 49.00 6.80 ? ? 1 2 00000 00000 00000 2
1 1 521681 38.60 42 34 2 1 4 ? 2 3 1 ? ? ? 1 ? 48.00 7.20 ? ? 1 1 03111 00000 00000 2
1 9 534998 38.3 130 60 ? 3 ? 1 2 4 ? ? ? ? ? ? 50 70 ? ? 1 1 03111 00000 00000 2
1 1 533692 38.1 60 12 3 3 3 1 ? 4 3 3 2 2 ? ? 51 65 ? ? 1 1 03111 00000 00000 2
2 1 529518 37.80 60 42 ? ? ? 1 ? ? ? ? ? ? ? ? ? ? ? ? 1 2 00000 00000 00000 2
1 1 530526 38.30 72 30 4 3 3 2 3 3 3 2 1 ? 3 5 43.00 7.00 2 3.90 1 1 03111 00000 00000 1
1 1 528653 37.80 48 12 3 1 1 1 ? 3 2 1 1 ? 1 3 37.00 5.50 2 1.30 1 2 04122 00000 00000 1
1 1 5279442 ? ? ? ? ? ? ? ? ? ? ? ? ? ? ? ? ? ? ? 2 2 04300 00000 00000 2
2 1 535415 37.7 48 ? 2 1 1 1 1 1 1 1 1 ? ? ? 45 76 ? ? 1 2 00000 00000 00000 2
2 1 529475 37.70 96 30 3 3 4 2 5 4 4 3 2 4.00 4 5 66.00 7.50 ? ? 2 1 04205 00000 00000 2
```

そして、それらのデータが、「horse-colic.data」には300個、「horse-colic.test」には68個含まれています。

ここでは「horse-colic.data」のデータを学習用に、「horse-colic.test」のデータを検証用に使用します。

データの確認

ファイルをダウンロードして、Pythonの使える環境にコピーしたら、まずはデータの内容を簡単に確認しておきます。

◆欠損データの確認

この章で扱うデータセットは、すべての項目が埋められている完全なデータではなく、いくつかの欠損データを含んでいるものになります。そこでまずは、欠損データがどの程度、含まれているのか確認することにします。

特別にプログラムを書くほどの内容ではないので、ここではPythonのプロンプトから直接、データを読み込んで内容を確認することにします。次のように、Pythonを起動して、対話モードのプロンプトを開いてください。

```
$ python3
>>> # プロンプトが表示される
```

まずは「Pandas」ライブラリを使用してデータファイルを読み込みます。次のように、「horse-colic.data」を読み込んで表示してみます。

```
>>> import pandas as pd
>>> df = pd.read_csv("horse-colic.data", delimiter="\s+", header=None)
>>> df
    0  1       2      3    4   5  6  7  8  9  ...     18    19 20    21 22  \
0   2  1  530101  38.50   66  28  3  3  ?  2  ...  45.00  8.40  ?     ?  2
1   1  1  534817   39.2   88  20  ?  ?  4  1  ...     50    85  2     2  3
2   2  1  530334  38.30   40  24  1  1  3  1  ...  33.00  6.70  ?     ?  1
・・・(略)
297 1  1  529386  37.50   72  30  4  3  4  1  ...  60.00  6.80  ?     ?  2
298 1  1  530612  36.50  100  24  3  3  3  1  ...  50.00  6.00  3  3.40  1
299 1  1  534618   37.2   40  20  ?  ?  ?  ?  ...     36    62  1     1  3

    23     24 25 26 27
0    2  11300  0  0  2
1    2   2208  0  0  2
2    2      0  0  0  1
・・・(略)
297  1   3205  0  0  2
298  1   2208  0  0  1
299  2   6112  0  0  2

[300 rows x 28 columns]
```

ファイルの区切りはスペース文字、ヘッダーはなしで、300行×28項目のデータが含まれていることがわかります。

次に、「?」となっている項目がいくつあるのか数えてみます。各行には28項目のデータが含まれているので、それぞれの行における欠損データの数を数え上げ、「dc」という変数名で保持しておきます。それには、Pythonのプロンプトに次のように入力します。

```
>>> dc = (28 - df[df == '?'].apply(pd.isnull).sum(axis=1))
>>> dc
0       6
1       5
2       5
・・・(略)
297     3
298     1
299    10
Length: 300, dtype: int64
```

「df[df == '?']」で欠損データのみを取り出し、「apply(pd.isnull)」とすると、欠損データのみ以外のデータ（つまり、存在するデータ）について、あるかないかを表すTrue/Falseのデータとなるので、それらを行の方向に足し合わせると、存在するデータの数をカウントできます。そしてその数を28から引けば、欠損データの数となります。

欠損データの数についてレポートを表示すると、次のようになります。

```
>>> dc.describe()
count    300.000000
mean       5.350000
std        3.983347
min        0.000000
25%        3.000000
50%        4.000000
75%        7.000000
max       19.000000
dtype: float64
```

各行における欠損データの平均値は5.35個、最大値は19個で、中央値は4個でした。

最後に、各行における欠損データの数を棒グラフにして保存してみます。

```
>>> from matplotlib import pylab as plt
>>> dc.plot.barh()
<matplotlib.axes._subplots.AxesSubplot object at 0x10898c828>
>>> plt.savefig('graph01.png')
```

すると、次のようなグラフが保存されます。

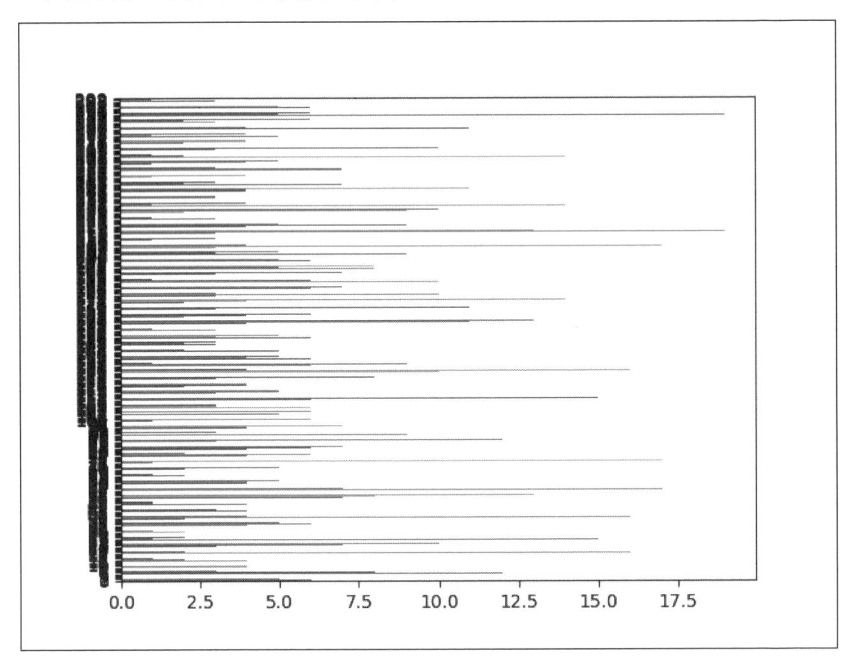

このグラフは、300行のデータセット内における欠損データの数を表しています。グラフの形から、欠損データの数が特異に偏っている場所はないことがわかります。

◆線形データの確認

さて、データ中の欠損データが、文字としての「?」のままでは都合が悪いので、欠損データを数字の「0」埋めて全データを数値として扱えるようにします。

それには次のように、いったん「?」に「NaN」を代入し、「Pandas」の「fillna」関数を使用して数値に変換します。

```
>>> import numpy as np
>>> df[df == '?'] = np.nan
>>> df = df.fillna(0)
>>> df = df.astype(float)
```

データ中の、インデックスで「3」「4」「5」「15」「18」「19」「21」は、体温などの線形なデータとなっているので、それらのデータについてグラフにしてみます。

「Pandas」の「loc」でスライスを指定すると、データ内の行と列を選択できます。ここでは行の部分に「:」としてすべての行を選択するようにし、列の部分に「[3,4,5,15,18,19,21]」として、指定された列を選択しています。列の選択は0から始まるインデックスの配列なので、実際には4行目以降のデータを選択していることになります。

```
>>> df.loc[:,[3,4,5,15,18,19,21]].plot()
<matplotlib.axes._subplots.AxesSubplot object at 0x113036358>
>>> plt.savefig('graph02.png')
```

すると、次のようなグラフが保存されます。

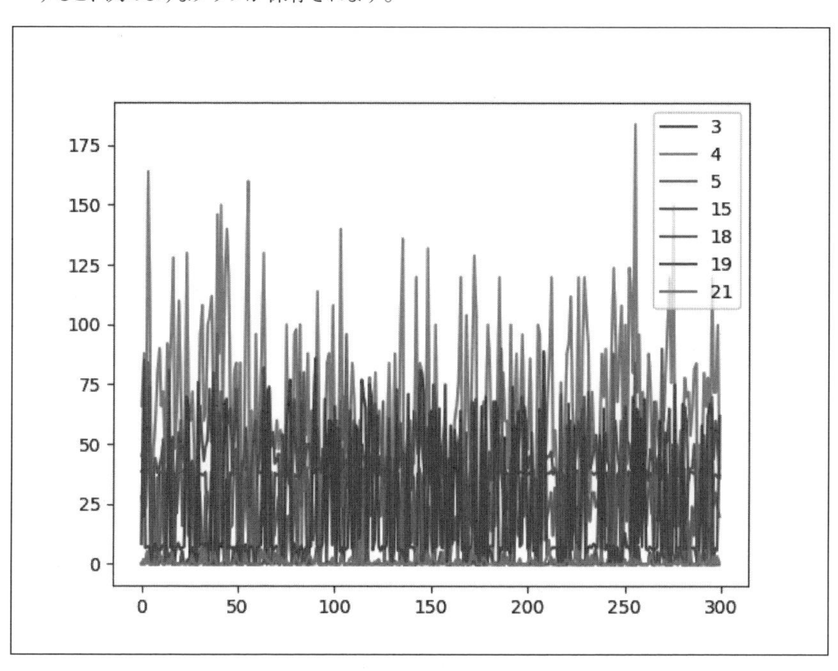

このグラフは、線形なデータすべてについてその値を並べたもので、ところどころ下向きに尖っている点は、欠損データを「0」で埋めた点となります。

◆欠損データを埋める

先ほどは欠損データを「0」で埋めましたが、線形なデータについては何らかの統計データを使用してデータを埋めた方がよさそうです。

欠損データの扱い方については、実はさまざまな手法があるのですが、ここでは単純にそれ以外のデータの平均値を採用することにします。欠損値を平均値で埋めるには次のようにします。

```
>>> dg = df.loc[:,[3,4,5,15,18,19,21]].copy()
>>> dg = dg[dg != 0].fillna(dg[dg != 0].mean())
>>> dh = df.copy()
>>> dh.loc[:,[3,4,5,15,18,19,21]] = dg
```

いったん「dg」という変数に線形なデータのコピーを作成しておき、「dg[dg != 0]」で欠損データ以外のみの項目を作成し、そこに含まれない(つまり欠損データ)を、欠損データ以外の項目の平均値で埋めています。

最後に「dh」という変数を作成し、もとのデータをコピーしたら、対象となる列の値を「dg」からコピーします。

そして、作成した線形なデータについて、もう一度グラフを作成します。

```
>>> dh.loc[:,[3,4,5,15,18,19,21]].plot()
<matplotlib.axes._subplots.AxesSubplot object at 0x10d1ceb00>
>>> plt.savefig('graph03.png')
```

すると、次のようなグラフが保存されます。

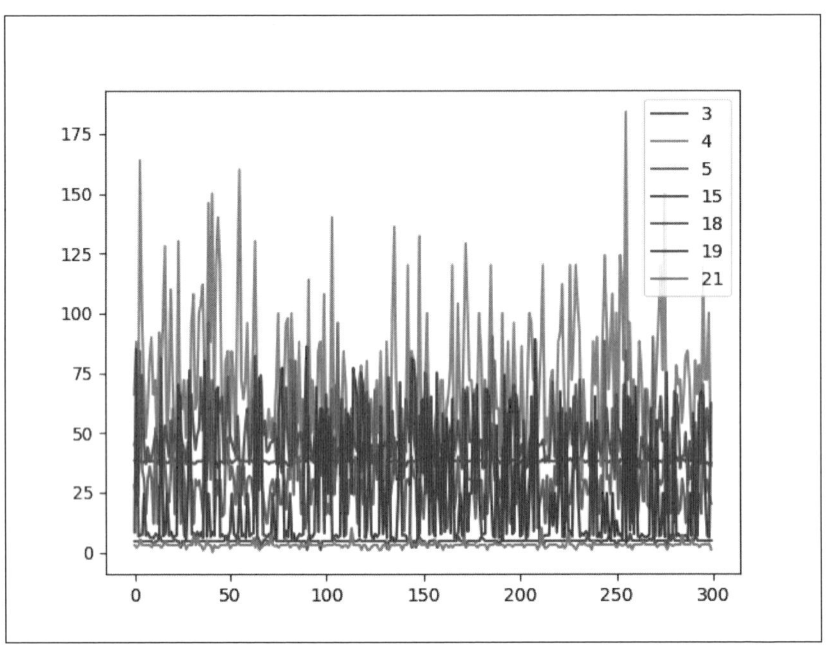

グラフの形も0となっている点がなくなっていることがわかります。

◆線形なデータと結果との相関を見る

せっかく線形なデータについて扱ったので、結果となるデータとの相関も見ておくことにします。結果は23行目(インデックス22)に含まれているので、列の選択に「22」を追加して、集計を取ります。

最初に、欠損データを平均値で埋める前のデータを確認します。

```
>>> df.loc[:,[3,4,5,15,18,19,21,22]].corr()
          3         4         5         15        18        19        21  \
3   1.000000  0.143033  0.217171  0.128110  0.069645  0.096406  0.130823
4   0.143033  1.000000  0.416451  0.111811  0.276415 -0.005781  0.160876
5   0.217171  0.416451  1.000000  0.119508  0.078770 -0.050831 -0.031462
15  0.128110  0.111811  0.119508  1.000000  0.141588 -0.158801  0.107846
18  0.069645  0.276415  0.078770  0.141588  1.000000  0.169466  0.142768
19  0.096406 -0.005781 -0.050831 -0.158801  0.169466  1.000000 -0.095030
21  0.130823  0.160876 -0.031462  0.107846  0.142768 -0.095030  1.000000
22 -0.128063  0.252818  0.025851  0.082520  0.101269 -0.028550  0.119882

          22
3  -0.128063
4   0.252818
5   0.025851
15  0.082520
18  0.101269
19 -0.028550
21  0.119882
22  1.000000
```

結果となるデータは生存・死亡・安楽死の3択からなる離散的なデータなので、相関を取ることに意味があるのかは疑問ですが、インデックス4のデータ(心拍数)に、やや相関が認められる程度の値が現れています。

次に、欠損データを平均値で埋めた後のデータを確認します。

```
>>> dh.loc[:,[3,4,5,15,18,19,21,22]].corr()
          3         4         5         15        18        19        21  \
3   1.000000  0.201494  0.239500  0.104390  0.056396 -0.054798  0.006922
4   0.201494  1.000000  0.440831  0.002429  0.370293 -0.084613  0.019167
5   0.239500  0.440831  1.000000  0.056504  0.074399 -0.081203 -0.028743
15  0.104390  0.002429  0.056504  1.000000 -0.058344 -0.296076  0.116818
18  0.056396  0.370293  0.074399 -0.058344  1.000000 -0.053407  0.086811
19 -0.054798 -0.084613 -0.081203 -0.296076 -0.053407  1.000000 -0.307805
21  0.006922  0.019167 -0.028743  0.116818  0.086811 -0.307805  1.000000
22 -0.048577  0.308895  0.060996 -0.034306  0.344751  0.012631 -0.013135

          22
3  -0.048577
```

```
4   0.308895
5   0.060996
15 -0.034306
18  0.344751
19  0.012631
21 -0.013135
22  1.000000
```

全体的に相関係数が上昇したほか、インデックス18のデータ(赤血球数)にも弱い相関が認められる程度の値が現れました。

◆ 離散的なデータの確認

次に、残りの離散的なデータについても確認をしておきます。次のようにして残りのデータを選択し、集計を表示します。

```
>>> dg = df.loc[:,[0,1,6,7,8,9,10,11,12,13,14,16,17,20]]
>>> dg.describe()
               0           1           6           7           8           9  \
count  300.000000  300.000000  300.000000  300.000000  300.000000  300.000000
mean     1.393333    1.640000    1.910000    1.553333    2.406667    1.166667
std      0.496094    2.173972    1.314404    1.248607    1.814459    0.605622
min      0.000000    1.000000    0.000000    0.000000    0.000000    0.000000
25%      1.000000    1.000000    1.000000    1.000000    1.000000    1.000000
50%      1.000000    1.000000    2.000000    1.000000    2.000000    1.000000
75%      2.000000    1.000000    3.000000    3.000000    4.000000    2.000000
max      2.000000    9.000000    4.000000    4.000000    6.000000    3.000000

              10          11          12          13          14          16  \
count  300.00000  300.000000  300.000000  300.000000  300.000000  300.000000
mean     2.41000    2.490000    1.843333    1.146667    1.023333    1.820000
std      1.64446    1.372167    1.305554    0.987458    0.996376    1.656325
min      0.00000    0.000000    0.000000    0.000000    0.000000    0.000000
25%      1.00000    1.000000    1.000000    0.000000    0.000000    0.000000
50%      2.00000    3.000000    2.000000    1.000000    1.000000    1.000000
75%      4.00000    3.000000    3.000000    2.000000    1.000000    4.000000
max      5.00000    4.000000    4.000000    3.000000    3.000000    4.000000

              17          20
count  300.000000  300.000000
mean     2.240000    0.916667
std      2.147348    1.149257
min      0.000000    0.000000
25%      0.000000    0.000000
50%      2.000000    0.000000
75%      5.000000    2.000000
max      5.000000    3.000000
```

集計では各列の平均値と標準偏差が表示されます。また、最小値・最大値と1/4値、中央値、3/4値も表示されるので、それらを見れば列内のデータがどのような分布をしているのか、ある程度、把握することができます。

この集計を見て発見できるのは、2列目(インデックス1)のデータ(年齢)がドキュメントと違っていることです。ホームページ上のドキュメントでは、年齢のデータは次のようになっています。

- 1 = 大人の馬
- 2 = 若年の馬(6カ月未満)

それに対して、実際のデータは「1」と「9」となっています。

また、このデータについては欠損データがなく、すべての値が「1」か「9」なので、次のようにして「0」か「1」のデータにしておくことにします。

```
di = df.loc[:,[1]]
di[di == 9] = 0
dh.loc[:,[1]] = di
```

また、これらの離散データについても、ヒストグラムにして可視化してみます。

```
>>> dg.hist()
array([[<matplotlib.axes._subplots.AxesSubplot object at 0x10ef5d0f0>,
        <matplotlib.axes._subplots.AxesSubplot object at 0x10ef95ac8>,
        <matplotlib.axes._subplots.AxesSubplot object at 0x10efd2588>,
        <matplotlib.axes._subplots.AxesSubplot object at 0x10efead30>],
       [<matplotlib.axes._subplots.AxesSubplot object at 0x10f039b00>,
        <matplotlib.axes._subplots.AxesSubplot object at 0x10f039b38>,
        <matplotlib.axes._subplots.AxesSubplot object at 0x10f0b0320>,
        <matplotlib.axes._subplots.AxesSubplot object at 0x10f0e3e80>],
       [<matplotlib.axes._subplots.AxesSubplot object at 0x10f0ba128>,
        <matplotlib.axes._subplots.AxesSubplot object at 0x10f1551d0>,
        <matplotlib.axes._subplots.AxesSubplot object at 0x10f187d30>,
        <matplotlib.axes._subplots.AxesSubplot object at 0x10f1c48d0>],
       [<matplotlib.axes._subplots.AxesSubplot object at 0x10f1ff4e0>,
        <matplotlib.axes._subplots.AxesSubplot object at 0x10f22d860>,
        <matplotlib.axes._subplots.AxesSubplot object at 0x10f26a4e0>,
        <matplotlib.axes._subplots.AxesSubplot object at 0x10f2a40f0>]],
      dtype=object)
>>> plt.savefig('graph04.png')
```

すると、次のようなグラフが保存されます。このグラフは、各列の中のデータがどのように分布しているのかを表していますが、特別に扱わなければならないほどの極端な分布は存在しないようです。

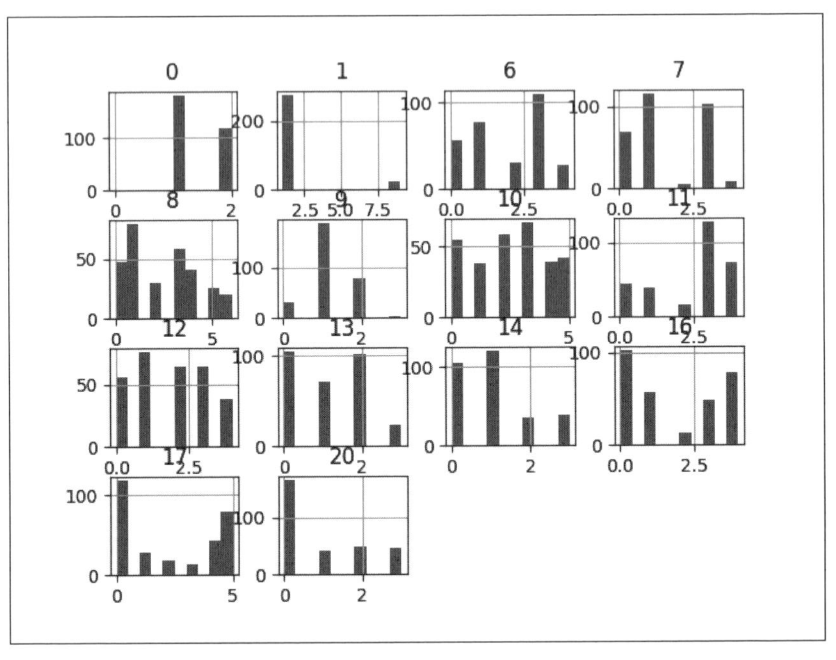

少し長くなってしまいましたが、以上で大まかにデータの確認はできました。

欠損データが含まれていたり、ドキュメント内の説明と実際のデータが異なっていることは、データ分析を行う場合は当たり前のように登場するケースなので、データ分析AIを作成する前に、必ず実際のデータを確認する必要があります。

SECTION-005

ディープラーニングを行う

データの確認ができたら、実際にApache MXNetを使用してニューラルネットワークを作成し、ディープラーニングを行います。

それには「chapt02-1.py」という名前のファイルを作成し、そこにPythonのプログラムを作成していきます。

データの準備

まずは、データを読み込んで、欠損データを埋めるなど必要な前処理を行います。この部分は、先ほどのデータ確認で行った処理と同じなので、特に解説はしません。

SOURCE CODE | chapt02-1.pyのコード

```
# -*- coding: utf-8 -*-
from collections import Counter
import pandas as pd
import numpy as np

# データを読み込む
df = pd.read_csv("horse-colic.data", delimiter="\s+", header=None)
# 欠損データを0で埋める
df[df == '?'] = np.nan
df = df.fillna(0)
# 線形なデータについては平均値で欠損データを埋める
dg = df.loc[:,[3,4,5,15,18,19,21]]
dg = dg[dg != -1].fillna(dg[dg != 0].mean())
dh = df.copy()
dh.loc[:,[3,4,5,15,18,19,21]] = dg
# 年齢データを0と1のみにする
di = df.loc[:,[1]]
di[di == 9] = 0
dh.loc[:,[1]] = di
```

上記のコードの実行後、変数の「dh」内に、学習させるためのデータが保持されます。

◆学習データの作成

次に、学習させるための入力データと、ニューラルネットワークの出力に対する正解となるデータを用意します。

この章で扱うデータセットの場合、用意できるデータをすべて学習させる必要はなく、たとえば病院番号などは無視すべきデータとなります。また、事後的に確認される外科的な病変と、病理データかどうかについてはこの章では無視することにします。

そこで、必要となる列の範囲のみを切り出すコードは、次のようになります。

SOURCE CODE | chapt02-1.pyのコード

```
# 学習データ
X = dh.loc[:,list(range(0,2))+list(range(3,22))].values
# 正解データ
Y = dh.loc[:,[22]].values
Y = Y.astype(int) - 1  # 1～3の値を0～2にする
```

上記のコードの実行後、変数の「X」内に学習させるデータが、「Y」に出力に対する正解のデータが保持されます。データを切り出した後は、Apache MXNetで使用する**nd.array形式**のデータに変換しておきます。

SOURCE CODE | chapt02-1.pyのコード

```
# Apache MXNetのデータにする
from mxnet import nd
X = nd.array(X)
Y = nd.array(Y)
```

Gluonのモデルを作成する

次に、データを学習させるニューラルネットワークを定義していきます。

ここでは、GluonというハイレベルAPIを使用してニューラルネットワークの定義と学習を行います。Gluonは、Apache MXNetが利用できる上位のラッパーAPIで、Apache MXNetのAPIをさらに抽象化し、簡単に利用できるようにしたものです。Apache MXNet以外のフレームワークでいえば、Tensorflowに対するKerasに相当するものになります。

◆離散的なデータを扱う

さて、実際にプログラムのコードを記述する前に、ここで作成するニューラルネットワークについて紹介しておきます。

最初に解説したように、この章で扱う「Horse Colic Data Set」には、線形なデータと離散的なデータの両方が含まれているので、ニューラルネットワークのモデルもその両方を扱うことができるようにしなければなりません。

ニューラルネットワークで離散的なデータを扱う場合、通常は数値をそのまま入力するのではなく、One Hot Vectorという形のベクトルデータとして扱います。**One Hot Vector**とは、ベクトル内の値のうち、1つのみが「1」で残りが「0」であるようなベクトルで、「1」となっている値の位置が、離散的なデータの値を表しています。

Gluonではこのようなデータは、Embedding層というニューロンの接続を利用すると扱うことができます。

◉Embedding層の構造

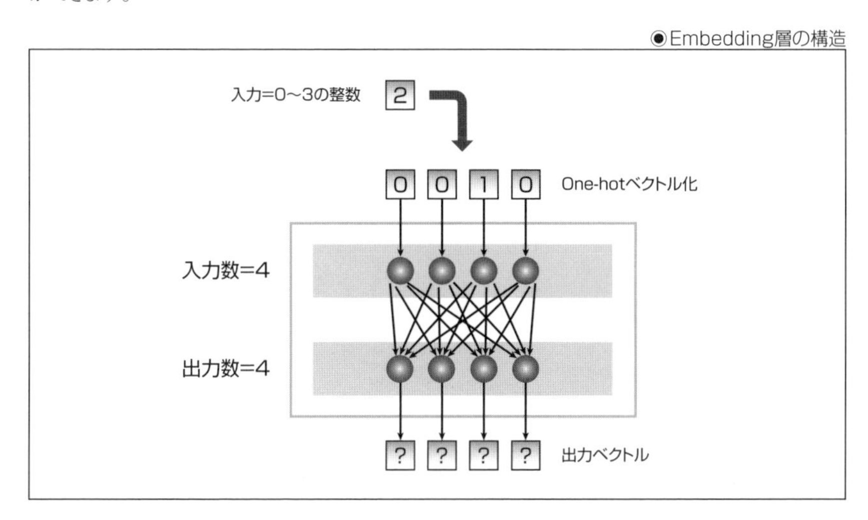

Embedding層は、入力された整数値に対応するOne Hot Vectorと出力との全結合層として動作します。Embedding層の入力数は、扱う離散データの個数に対応しており、たとえば、「`0`」から「`4`」までの5個の値を扱うEmbedding層の入力数は「`5`」となります。

◉concat層の構造

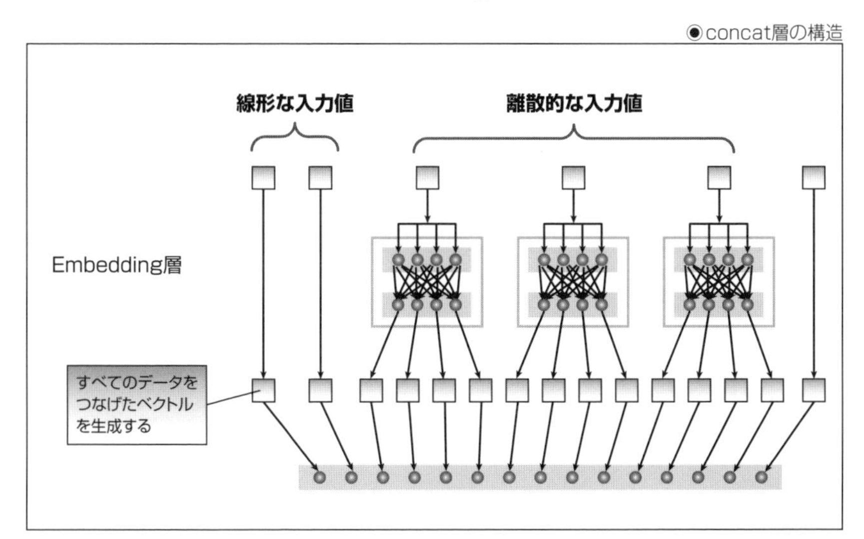

concat層には、ニューラルネットワークに入力されたすべてのデータが含まれていることになります。

また、concat層に接続するデータの順番は、次につながる層が全結合層であるため、関係なくなります。

●Dense層の構造

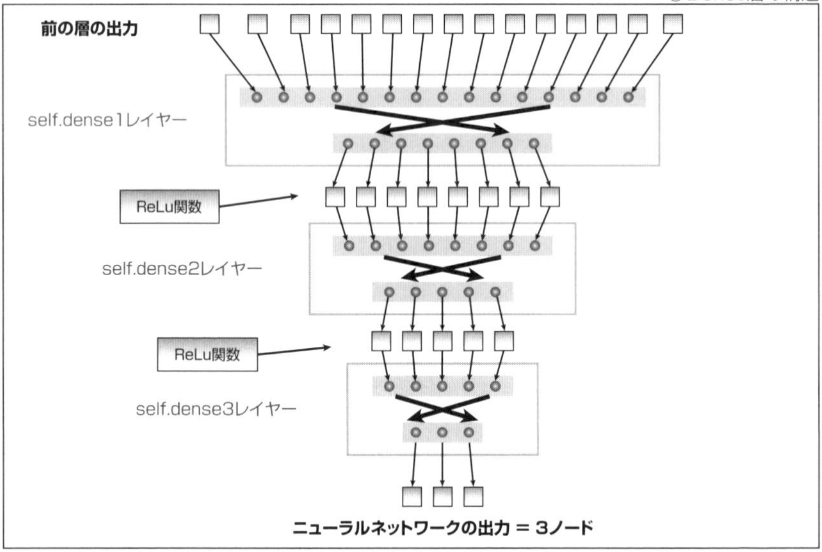

前の層の出力

self.dense1レイヤー

ReLu関数

self.dense2レイヤー

ReLu関数

self.dense3レイヤー

ニューラルネットワークの出力 = 3ノード

Gluonでは、入力数と出力数が異なるタイプの全結合層は**Dense層**というニューロンの接続で実現できます。ここでは上図のように、活性化関数として**ReLU関数**を使用し、3つのDense層を接続して、最終的に3次元の出力値となるように、ニューラルネットワークを作成します。

◆モデルを定義する

それでは、実際に上記のニューラルネットワークを、GluonのAPIを使用して定義していきます。

まずは、新しく「chapt02model.py」という名前のファイルを作成し、そこにApache MXNetとGluonのライブラリをインポートとするコードを記載します。

SOURCE CODE ‖ chapt02model.pyのコード

```
# -*- coding: utf-8 -*-
from mxnet import nd
from mxnet import ndarray as F
from mxnet.gluon import Block, nn
```

次に、下記のように、Gluonの「Block」クラスの子クラスとして、「Model」という名前のクラスを作成します。この「Model」クラスがこの章で使用するニューラルネットワークを定義するクラスとなります。

SOURCE CODE ‖ chapt02model.pyのコード

```
class Model(Block):
  def __init__(self, **kwargs):
    super(Model, self).__init__(**kwargs)

  def forward(self, x):
```

ニューラルネットワーク内で利用するすべての人工ニューロンは、「Model」クラスのコンストラクタ内に、「with self.name_scope()」というブロックを作成してその中で定義します。すると、学習パラメーターがApache MXNetに登録され、機械学習の際にデータが更新できるようになります。

ここでは次のように、14個のEmbedding層と、3個のDense層を作成しました。Embedding層の入力値と出力値は、データセット内の離散的なデータに対応しており、値の取り得る範囲になっている（欠損データである「0」を含む）ことを確認してください。Dense層には出力データの数を設定していますが、32次元のベクトルから16次元、3次元とデータの次元数を減らしています。

また、concat層には学習させるためのパラメーターが存在しないので、コンストラクタ内には定義しません。

SOURCE CODE ‖ chapt02model.pyのコード

```
def __init__(self, **kwargs):
  super(Model, self).__init__(**kwargs)
  with self.name_scope():
    self.embed1 = nn.Embedding(3, 3)  # column6
    self.embed2 = nn.Embedding(2, 2)  # column6
    self.embed3 = nn.Embedding(5, 5)  # column6
    self.embed4 = nn.Embedding(5, 5)  # column7
    self.embed5 = nn.Embedding(7, 7)  # column8
    self.embed6 = nn.Embedding(4, 4)  # column9
    self.embed7 = nn.Embedding(6, 6)  # column10
    self.embed8 = nn.Embedding(5, 5)  # column11
    self.embed9 = nn.Embedding(5, 5)  # column12
    self.embed10 = nn.Embedding(4, 4)  # column13
    self.embed11 = nn.Embedding(4, 4)  # column14
    self.embed12 = nn.Embedding(5, 5)  # column16
    self.embed13 = nn.Embedding(6, 6)  # column17
    self.embed14 = nn.Embedding(4, 4)  # column20
    self.dense1 = nn.Dense(32)
    self.dense2 = nn.Dense(16)
    self.dense3 = nn.Dense(3)
```

◆ 順伝播を行う

次に、作成したすべての層を接続して、入力されたデータをニューラルネットワーク内に順伝播させるコードを作成します。

「Model」クラス内の「forward」関数に、次のコードを作成します。

SOURCE CODE ‖ chapt02model.pyのコード

```
def forward(self, x):
  bs = x.shape[0]
  xx = nd.concat(
      self.embed1(x[:,0]) ,
      self.embed2(x[:,1]) ,
```

▼

```
        x[:,2].reshape((bs,1)) ,
        x[:,3].reshape((bs,1)) ,
        x[:,4].reshape((bs,1)) ,
        x[:,5].reshape((bs,1)) ,
        self.embed3(x[:,6]) ,
        self.embed4(x[:,7]) ,
        self.embed5(x[:,8]) ,
        self.embed6(x[:,9]) ,
        self.embed7(x[:,10]) ,
        self.embed8(x[:,11]) ,
        self.embed9(x[:,12]) ,
        self.embed10(x[:,13]) ,
        self.embed11(x[:,14]) ,
        x[:,15].reshape((bs,1)) ,
        self.embed12(x[:,16]) ,
        self.embed13(x[:,17]) ,
        x[:,18].reshape((bs,1)) ,
        x[:,19].reshape((bs,1)) ,
        self.embed14(x[:,20])
    )
    xx = F.relu(self.dense1(xx))
    xx = F.relu(self.dense2(xx))
    return self.dense3(xx)
```

Apache MXNetでは、機械学習はバッチ処理を前提にしているので、「forward」関数への入力も、バッチサイズ分の配列となります。入力されるデータの次元数は、「x.shape」で取得できるので、最初の行で作成している「bs」という変数に、バッチサイズの大きさが入ります。

さらに、入力されたデータに対してスライスを指定することで、列に相当するデータを個別に取り出すことができます。たとえば「x[:,0]」とすれば、バッチ処理方向の次元ではすべてのデータを選択し、列方向のデータはインデックスが「0」のデータのみを選択します。

そして、離散的なデータについてはEmbedding層に入力し、線形なデータについてはバッチサイズ×1の2次元配列へと形状を変換することで、すべてのデータがバッチサイズ×N次元の配列データとなります。

後は「nd.concat」関数を使用して、バッチサイズ×N次元の単一のベクトルデータとします。

そのあとは、ReLU関数とDense層を伝播させて、最終的な3次元ベクトルを出力すれば、「forward」関数は完成します。

機械学習を行う

ニューラルネットワークのモデルが完成したら、再び「chapt02-1.py」ファイルの編集へと戻り、機械学習を行うためのコードを作成します。

まずは、Apache MXNetとGluonに必要なモジュールをインポートしておきます。

SOURCE CODE ‖ chapt02-1.pyのコード

```
# Apache MXNetを使う準備
from mxnet import autograd
from mxnet import cpu
from mxnet import nd
from mxnet.gluon import Trainer
from mxnet.gluon.loss import SoftmaxCrossEntropyLoss
```

また、先ほど作成した「chapt02model.py」もモジュールとしてインポートします。

SOURCE CODE ‖ chapt02-1.pyのコード

```
# モデルをインポートする
import chapt02model
```

◆ モデルのインスタンスを作成する

モジュールをインポートしたら、先ほど作成した「Model」クラスを作成します。

ここではマルチコアCPUを使用して機械学習を行うので、次のように使用するCPUのリストを渡して、モデルの「initialize」関数を呼び出します。

SOURCE CODE ‖ chapt02-1.pyのコード

```
# モデルを作成する
model = chapt02model.Model()
model.initialize(ctx=[cpu(0),cpu(1),cpu(2),cpu(3)])
```

◆ 学習アルゴリズムを選択する

次に、機械学習を行うためのトレーナーを作成します。

ここでは、Adamという機械学習アルゴリズムを選択してトレーナーを作成しました。また、損失関数として「SoftmaxCrossEntropyLoss」を作成し、「loss_func」という名前で利用できるようにしてあります。

SOURCE CODE ‖ chapt02-1.pyのコード

```
# 学習アルゴリズムを設定する
trainer = Trainer(model.collect_params(),'adam')
loss_func = SoftmaxCrossEntropyLoss()
```

「SoftmaxCrossEntropyLoss」は、クラス分類を行うニューラルネットワークの学習に使用する損失関数で、次の式で定義されます。ここでpredはSoftmaxCrossEntropyLossへの入力、labelは正解となるデータの位置です。

◉SoftmaxCrossEntropyLossの定義

$$p = softmax(pred)$$
$$L = -\sum_{i} \log p_{i,label_i}$$

SoftmaxCrossEntropyLossは、入力されたデータのSoftmax出力に対して交差エントロピーを返します。**Softmax関数**は入力されたベクトルに対して、すべての次元の値を加算すると「1」になるようなベクトルを返します。

また、交差エントロピーは、基準となる次元からどの程度ベクトルの値がばらけているかを返します。

ニューラルネットワークは損失の値が少なくなる方向へと学習されるので、結果としてSoftmaxCrossEntropyLossを使用した学習では、基準となる次元(クラス分類の正解データの位置)に値が集中するようなベクトルデータを出力するように学習されていくことになります。

◆ミニバッチを作成する

次に、学習させるデータをバッチサイズ分の小さなデータへと切り出して、少しずつ学習させるようにします。

ここではバッチサイズとして「15」を、エポック数として「20」を指定しています。これは、合計300行からなるデータのうち、一度に15個ずつを学習させ、データ全体を合計20回学習させるという意味になります。

それには次のように、エポック回数分のループ内で、ランダムに並び替えたインデックスを作成し、そのインデックス内からスライスを指定してバッチサイズ分のインデックスを切り出します。

その後、「X」と「Y」に保持されているデータから、切り出したインデックスに存在するデータを取り出し、「data」と「label」変数に入れます。

その後は、「## ここに学習のためのコードを作成する ##」という箇所に機械学習のコードを作成することになります。

また、先ほど作成したトレーナーに対しては、「step」関数を呼び出して、バッチサイズ分だけ学習が進んだことを知らせてやります。

SOURCE CODE ‖ chapt02-1.pyのコード

```
# 機械学習を開始する
print('start training...')
batch_size = 15
epochs = 20
loss_n = [] # ログ表示用の損失の値
for epoch in range(1, epochs + 1):
  # ランダムに並べ替えたインデックスを作成
  indexs = np.random.permutation(X.shape[0])
  cur_start = 0
  while cur_start < X.shape[0]:
    # ランダムなインデックスから、バッチサイズ分のウィンドウを選択
    cur_end = (cur_start + batch_size) if (cur_start + batch_size) < X.shape[0] else X.shape[0]
    data = X[indexs[cur_start:cur_end]]
    label = Y[indexs[cur_start:cur_end]]
    ## ここに学習のためのコードを作成する ##
    # 学習ステータスをバッチサイズ分進める
    trainer.step(batch_size, ignore_stale_grad=True)
    cur_start = cur_end
  # ログを表示
  ll = np.mean(loss_n)
  print('%d epoch loss=%f...'%(epoch,ll))
  loss_n = []
```

◆逆伝播を行う

先ほどのコード内にある、「## ここに学習のためのコードを作成する ##」という部分には、次のコードが入ります。この箇所では、Apache MXNetの「with autograd.record()」ブロック内でニューラルネットワークの順伝播を行い、その出力結果から損失の値を求めます。そして、損失の値から逆伝播を行うことで、ニューラルネットワーク内の学習パラメーターを更新していきます。

SOURCE CODE ‖ chapt02-1.pyのコード

```
# ニューラルネットワークを順伝播
with autograd.record():
  output = model(data)
  # 損失の値を求める
  loss = loss_func(output, label)
  # ログ表示用に損失の値を保存
  loss_n.append(np.mean(loss.asnumpy()))
# 損失の値から逆伝播する
loss.backward()
```

◆モデルを保存する

最後に、学習済みのニューラルネットワークのモデルを、次のようにファイルに保存しておきます。

SOURCE CODE | chapt02-1.pyのコード

```
# 学習結果を保存
model.save_params('chapt02.params')
```


最終的なコード

以上で、ニューラルネットワークの学習を行うためのプログラムが完成しました。

◆ニューラルネットワークのモデル

ニューラルネットワークのモデルを定義する「chapt02model.py」のコードは、最終的に次のようになります。

SOURCE CODE | chapt02model.pyのコード

```
# -*- coding: utf-8 -*-
from mxnet import nd
from mxnet import ndarray as F
from mxnet.gluon import Block, nn

class Model(Block):
  def __init__(self, **kwargs):
    super(Model, self).__init__(**kwargs)
    with self.name_scope():
      self.embed1 = nn.Embedding(3, 3)  # column6
      self.embed2 = nn.Embedding(2, 2)  # column6
      self.embed3 = nn.Embedding(5, 5)  # column6
      self.embed4 = nn.Embedding(5, 5)  # column7
      self.embed5 = nn.Embedding(7, 7)  # column8
      self.embed6 = nn.Embedding(4, 4)  # column9
      self.embed7 = nn.Embedding(6, 6)  # column10
      self.embed8 = nn.Embedding(5, 5)  # column11
      self.embed9 = nn.Embedding(5, 5)  # column12
      self.embed10 = nn.Embedding(4, 4)  # column13
      self.embed11 = nn.Embedding(4, 4)  # column14
      self.embed12 = nn.Embedding(5, 5)  # column16
      self.embed13 = nn.Embedding(6, 6)  # column17
      self.embed14 = nn.Embedding(4, 4)  # column20
      self.dense1 = nn.Dense(32)
      self.dense2 = nn.Dense(16)
      self.dense3 = nn.Dense(3)

  def forward(self, x):
    bs = x.shape[0]
    xx = nd.concat(
```

```
            self.embed1(x[:,0]) ,
            self.embed2(x[:,1]) ,
            x[:,2].reshape((bs,1)) ,
            x[:,3].reshape((bs,1)) ,
            x[:,4].reshape((bs,1)) ,
            x[:,5].reshape((bs,1)) ,
            self.embed3(x[:,6]) ,
            self.embed4(x[:,7]) ,
            self.embed5(x[:,8]) ,
            self.embed6(x[:,9]) ,
            self.embed7(x[:,10]) ,
            self.embed8(x[:,11]) ,
            self.embed9(x[:,12]) ,
            self.embed10(x[:,13]) ,
            self.embed11(x[:,14]) ,
            x[:,15].reshape((bs,1)) ,
            self.embed12(x[:,16]) ,
            self.embed13(x[:,17]) ,
            x[:,18].reshape((bs,1)) ,
            x[:,19].reshape((bs,1)) ,
            self.embed14(x[:,20])
        )
        xx = F.relu(self.dense1(xx))
        xx = F.relu(self.dense2(xx))
        return self.dense3(xx)
```

◆学習プログラム

また、学習を行うための「chapt02-1.py」のコードは、次のようになります。

SOURCE CODE || chapt02-1.pyのコード

```
# -*- coding: utf-8 -*-
from collections import Counter
import pandas as pd
import numpy as np

# データを読み込む
df = pd.read_csv("horse-colic.data", delimiter="\s+", header=None)
# 欠損データを0で埋める
df[df == '?'] = np.nan
df = df.fillna(0)
# 線形なデータについては平均値で欠損データを埋める
dg = df.loc[:,[3,4,5,15,18,19,21]]
dg = dg[dg != -1].fillna(dg[dg != 0].mean())
dh = df.copy()
dh.loc[:,[3,4,5,15,18,19,21]] = dg
# 年齢データを0と1のみにする
di = df.loc[:,[1]]
```

```
di[di == 9] = 0
dh.loc[:,[1]] = di

# 学習データ
X = dh.loc[:,list(range(0,2))+list(range(3,22))].values
# 正解データ
Y = dh.loc[:,[22]].values
Y = Y.astype(int) - 1  # 1~3の値を0~2にする

# Apache MXNetのデータにする
from mxnet import nd
X = nd.array(X)
Y = nd.array(Y)

# Apache MXNetを使う準備
from mxnet import autograd
from mxnet import cpu
from mxnet.gluon import Trainer
from mxnet.gluon.loss import SoftmaxCrossEntropyLoss

# モデルをインポートする
import chapt02model

# モデルを作成する
model = chapt02model.Model()
model.initialize(ctx=[cpu(0),cpu(1),cpu(2),cpu(3)])

# 学習アルゴリズムを設定する
trainer = Trainer(model.collect_params(),'adam')
loss_func = SoftmaxCrossEntropyLoss()

# 機械学習を開始する
print('start training...')
batch_size = 15
epochs = 20
loss_n = [] # ログ表示用の損失の値
for epoch in range(1, epochs + 1):
  # ランダムに並べ替えたインデックスを作成
  indexs = np.random.permutation(X.shape[0])
  cur_start = 0
  while cur_start < X.shape[0]:
    # ランダムなインデックスから、バッチサイズ分のウィンドウを選択
    cur_end = (cur_start + batch_size) if (cur_start + batch_size) < X.shape[0] else X.shape[0]
    data = X[indexs[cur_start:cur_end]]
    label = Y[indexs[cur_start:cur_end]]
    # ニューラルネットワークを順伝播
    with autograd.record():
```

```
        output = model(data)
        # 損失の値を求める
        loss = loss_func(output, label)
        # ログ表示用に損失の値を保存
        loss_n.append(np.mean(loss.asnumpy()))
      # 損失の値から逆伝播する
      loss.backward()
      # 学習ステータスをバッチサイズ分進める
      trainer.step(batch_size, ignore_stale_grad=True)
      cur_start = cur_end
    # ログを表示
    ll = np.mean(loss_n)
    print('%d epoch loss=%f...'%(epoch,ll))
    loss_n = []

# 学習結果を保存
model.save_params('chapt02.params')
```

上記のコードを実行すると、次のようにログが表示され、学習が進んでいきます。最後に学習が終了すると「chapt02.params」という名前のファイルが作成され、ニューラルネットワークのデータが保存されます。

```
$ python3 chapt02-1.py
start training...
1 epoch loss=1.024214...
2 epoch loss=0.925319...
3 epoch loss=0.882499...
4 epoch loss=0.862589...
5 epoch loss=0.840454...
6 epoch loss=0.819439...
7 epoch loss=0.802550...
8 epoch loss=0.792833...
9 epoch loss=0.783700...
10 epoch loss=0.776471...
11 epoch loss=0.751861...
12 epoch loss=0.732340...
13 epoch loss=0.709702...
14 epoch loss=0.696852...
15 epoch loss=0.685595...
16 epoch loss=0.670419...
17 epoch loss=0.661665...
18 epoch loss=0.650358...
19 epoch loss=0.639133...
20 epoch loss=0.635380...
```

SECTION-006

作成したモデルを実行する

ニューラルネットワークの学習が完了したら、次はテスト用データを利用して作成したモデルの検証を行います。

モデルを実行する

テスト用データは「horse-colic.test」の内容を使用し、学習させたニューラルネットワークの出力と、ファイルに含まれている結果との差を取ることにします。

また、「horse-colic.test」の確認については省略しますが、実はこのファイルには最終的な結果の欄に「?」が入っているデータが1つ含まれているので、そのデータは評価には利用しないようにします。

◆データの準備

まずは「horse-colic.test」を読み込み、欠損データを埋めていきます。このコードは学習の際のコードと同じなので、解説はしません。

SOURCE CODE ‖ chapt02-2.pyのコード

```
# -*- coding: utf-8 -*-
from collections import Counter
import pandas as pd
import numpy as np

# データを読み込む
df = pd.read_csv("horse-colic.test", delimiter="\s+", header=None)
# 欠損データを0で埋める
df[df == '?'] = np.nan
df = df.fillna(0)
# 線形なデータについては平均値で欠損データを埋める
dg = df.loc[:,[3,4,5,15,18,19,21]]
dg = dg[dg != -1].fillna(dg[dg != 0].mean())
dh = df.copy()
dh.loc[:,[3,4,5,15,18,19,21]] = dg
# 年齢データを0と1のみにする
dg = df.loc[:,[1]]
dg[dg == 9] = 0
dh.loc[:,[1]] = dg

# 学習データ
X = dh.loc[:,list(range(0,2))+list(range(3,22))].values
# 正解データ
Y = dh.loc[:,[22]].values
Y = Y.astype(int) - 1  # 1～3の値を0～2にする(?は-1になる)
```

ただし、Apache MXNetのnd.array形式にするのは、入力させるデータの方だけで、正解のデータはそのままの形式にしておきます。

SOURCE CODE ‖ chapt02-2.pyのコード

```
# Apache MXNetのデータにする
from mxnet import nd
X = nd.array(X)
```

◆ニューラルネットワークの読み込み

次に、先ほど作成した「chapt02.params」ファイルから、ニューラルネットワークのデータを読み込みます。まずは必要なモジュールをインポートします。

SOURCE CODE ‖ chapt02-2.pyのコード

```
# Apache MXNetを使う準備
from mxnet import ndarray as F
from mxnet import cpu

# モデルをインポートする
import chapt02model
```

次に、ニューラルネットワークのモデルを作成したら、「chapt02.params」ファイルの名前と使用するCPUのリストを指定して、「load_params」関数を呼び出します。

SOURCE CODE ‖ chapt02-2.pyのコード

```
# モデルを作成する
model = chapt02model.Model()
model.load_params('chapt02.params', ctx=[cpu(0),cpu(1),cpu(2),cpu(3)])
```

以上で学習させたニューラルネットワークを利用できるようになりました。

▶実行結果を表示する

次に、データをニューラルネットワークへと入力していき、その結果を取得します。

◆ミニバッチを作成する

まずは、入力データをミニバッチのリストへと変換し、バッチサイズ分ごとに実行するようにします。そのためのコードは学習のときとほぼ同じなので、特に解説はしません。

SOURCE CODE ‖ chapt02-2.pyのコード

```
# モデルの評価
print('start prediction...')
batch_size = 15
cur_start = 0
while cur_start < X.shape[0]:
  # バッチサイズ分のデータを選択
  cur_end = (cur_start + batch_size) if (cur_start + batch_size) < X.shape[0] else X.shape[0]
  data = X[cur_start:cur_end]
```

▼

```
label = Y[cur_start:cur_end]
## ここでニューラルネットワークを実行する ##
cur_start = cur_end
```

◆ニューラルネットワークを実行する

上記のコードのうち、「## ここでニューラルネットワークを実行する ##」という箇所にニューラルネットワークを実行するコードを記載していきます。ニューラルネットワークの出力となるベクトルデータを取得するためのコードは、学習の際の順伝播と同じで次のようになります。

SOURCE CODE | chapt02-2.pyのコード

```
# ニューラルネットワークを順伝播
output = model(data)
```

ここで取得できるニューラルネットワークの出力は、3次元のベクトルデータです。

学習の際にはそのデータを「SoftmaxCrossEntropyLoss」の損失関数へと入力し、損失の値を取得していました。ここで、ニューラルネットワークの出力は3次元のベクトルデータであり、正解となるデータは「0」から「2」までの3つの値を取る離散的なデータです。

「SoftmaxCrossEntropyLoss」関数を使用する学習では、出力をSoftmax関数へと入力し、その結果が正解となるデータをOne Hot Vectorへと変換したベクトルになるように、ニューラルネットワークのパラメーターを更新していきます。

そのため、ここで取得できるニューラルネットワークの出力は、Softmax関数へと入力して、「1」に近い値を出力する次元が、目的となるデータとなります。

◉クラス分類

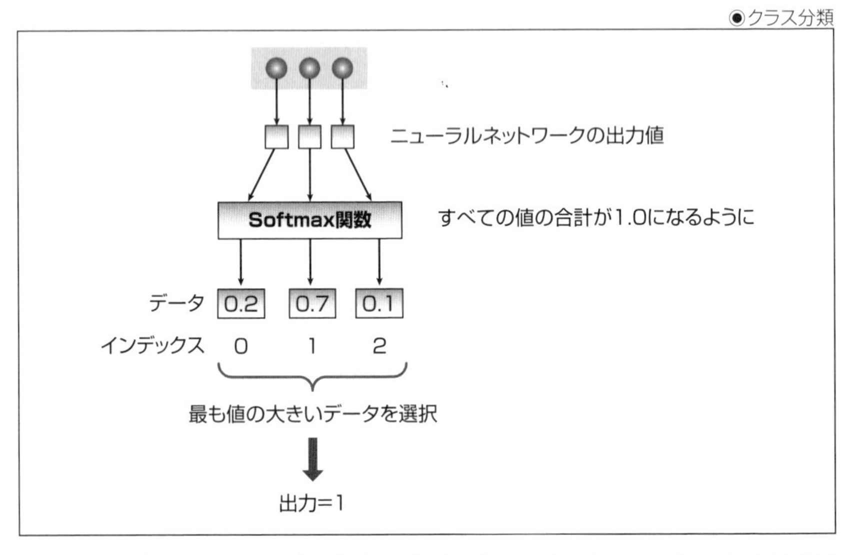

Softmax関数はすべての要素が「0」から「1」の範囲にあり、すべてを足し合わせると「1」になるようなベクトルを生成するので、最も大きな値を持つ次元が、目的となる出力を表している、ということもできます。

SOURCE CODE chapt02-2.pyのコード

```
result = F.softmax(output, axis=1)
## ここで実行結果を表示する ##
```

ニューラルネットワークの出力をSoftmax関数へと入力するには、上記のコードように「F.softmax」関数を呼び出します。

◆クラス分類を行う

上記のコードを実行した後では、「result」変数にはバッチサイズ分のデータが含まれています。そこで、次のようにミニバッチ内のデータをループ内で処理して、クラス分類を行います。

ベクトル中の最も大きな値を持つ次元を取得するには、Numpyの「np.argmax」関数が利用できます。「np.argmax」関数を利用してクラス分類を行った後は、その結果を表示し、最終的な正解の数を数えるための変数を更新していきます。

ここでは、ニューラルネットワークの出力と結果が完全に同じ場合の一致率と、生存/非生存（死亡と安楽死とを同一のラベルとして扱う）での適合数の表を求めます。

SOURCE CODE chapt02-2.pyのコード

```
# 合致した数
accuracy = 0 # 結果が完全に同じ
accr_matrix = np.zeros((2,2)) # 生存/非生存の適合率評価
・・・(略)
# ミニバッチ内に対する処理
for i in range(result.shape[0]):
  # クラス分類を行う
  pred = np.argmax(result[i].asnumpy())
  # 分類結果を表示する
  print('predict:[%d] original:[%d]' % (pred,label[i][0]))
  # 結果を評価する
  if label[i][0] >= 0:
    # 結果が完全に同じ
    if pred == label[i][0]:
      accuracy += 1
    # 生存/非生存の適合率評価
    if pred == 0:
      if label[i][0] == 0:
        accr_matrix[0][0] += 1 # TP
      else:
        accr_matrix[1][0] += 1 # FP
    else:
      if label[i][0] == 0:
        accr_matrix[0][1] += 1 # TN
      else:
        accr_matrix[1][1] += 1 # FN
```

◆結果を表示する

最後に数え上げた正解の数と、適合数の表から計算した適合率、一致率、F1値を表示します。

SOURCE CODE | chapt02-2.pyのコード

```
# 結果を表示
num_predict = np.sum(accr_matrix)
# 正解率(完全一致)
print('Accuracy1=%f (%d / %d)' % (accuracy/num_predict,accuracy,num_predict))
# 死亡と安楽死を同じに扱う場合
accuracy = accr_matrix[0][0] + accr_matrix[1][1]
print('Accuracy2=%f (%d / %d)' % (accuracy/num_predict,accuracy,num_predict))
precision = accr_matrix[0][0]/(accr_matrix[0][0]+accr_matrix[1][0])
print('Precision=%f' % (precision,))
recall = accr_matrix[0][0]/(accr_matrix[0][0]+accr_matrix[1][1])
print('Recall=%f' % (recall,))
f1 = 2*precision*recall/(precision+recall)
print('F1 score=%f' % (f1,))
```

「horse-colic.test」に含まれているデータの個数は68個ですが、先ほど説明したように結果に「?」が入っているデータが1つ含まれているので、実際の評価対象は67個となります。

▶最終的なコード

以上の内容をすべてつなげると、ニューラルネットワークを実行してその結果を表示するためのプログラムは、次のようになります。

SOURCE CODE | chapt02-2.pyのコード

```
# -*- coding: utf-8 -*-
from collections import Counter
import pandas as pd
import numpy as np

# データを読み込む
df = pd.read_csv("horse-colic.test", delimiter="\s+", header=None)
# 欠損データを0で埋める
df[df == '?'] = np.nan
df = df.fillna(0)
# 線形なデータについては平均値で欠損データを埋める
dg = df.loc[:,[3,4,5,15,18,19,21]]
dg = dg[dg != -1].fillna(dg[dg != 0].mean())
dh = df.copy()
dh.loc[:,[3,4,5,15,18,19,21]] = dg
# 年齢データを0と1のみにする
dg = df.loc[:,[1]]
dg[dg == 9] = 0
dh.loc[:,[1]] = dg
```

```
# 学習データ
X = dh.loc[:,list(range(0,2))+list(range(3,22))].values
# 正解データ
Y = dh.loc[:,[22]].values
Y = Y.astype(int) - 1  # 1～3の値を0～2にする(?は-1になる)

# Apache MXNetのデータにする
from mxnet import nd
X = nd.array(X)

# Apache MXNetを使う準備
from mxnet import ndarray as F
from mxnet import cpu

# モデルをインポートする
import chapt02model

# モデルを作成する
model = chapt02model.Model()
model.load_params('chapt02.params', ctx=[cpu(0),cpu(1),cpu(2),cpu(3)])

# モデルの評価
print('start prediction...')
batch_size = 15
cur_start = 0
# 合致した数
accuracy = 0 # 結果が完全に同じ
accr_matrix = np.zeros((2,2)) # 生存/非生存の適合率評価
while cur_start < X.shape[0]:
  # バッチサイズ分のデータを選択
  cur_end = (cur_start + batch_size) if (cur_start + batch_size) < X.shape[0] else X.shape[0]
  data = X[cur_start:cur_end]
  label = Y[cur_start:cur_end]
  # ニューラルネットワークを順伝播
  output = model(data)
  result = F.softmax(output, axis=1)
  # ミニバッチ内に対する処理
  for i in range(result.shape[0]):
    # クラス分類を行う
    pred = np.argmax(result[i].asnumpy())
    # 分類結果を表示する
    print('predict:[%d] original:[%d]' % (pred,label[i][0]))
    # 結果を評価する
    if label[i][0] >= 0:
      # 結果が完全に同じ
      if pred == label[i][0]:
```

```
        accuracy += 1
      # 生存/非生存の適合率評価
      if pred == 0:
        if label[i][0] == 0:
          accr_matrix[0][0] += 1 # TP
        else:
          accr_matrix[1][0] += 1 # FP
      else:
        if label[i][0] == 0:
          accr_matrix[0][1] += 1 # TN
        else:
          accr_matrix[1][1] += 1 # FN
  cur_start = cur_end

# 結果を表示
num_predict = np.sum(accr_matrix)
# 正解率(完全一致)
print('Accuracy1=%f (%d / %d)' % (accuracy/num_predict,accuracy,num_predict))
# 死亡と安楽死を同じに扱う場合
accuracy = accr_matrix[0][0] + accr_matrix[1][1]
print('Accuracy2=%f (%d / %d)' % (accuracy/num_predict,accuracy,num_predict))
precision = accr_matrix[0][0]/(accr_matrix[0][0]+accr_matrix[1][0])
print('Precision=%f' % (precision,))
recall = accr_matrix[0][0]/(accr_matrix[0][0]+accr_matrix[1][1])
print('Recall=%f' % (recall,))
f1 = 2*precision*recall/(precision+recall)
print('F1 score=%f' % (f1,))
```

上記のコードを実行すると、次のようにニューラルネットワークの出力と、実際の結果が表示されます。

```
$ python3 chapt02-2.py
start prediction...
predict:[0] original:[0]
predict:[0] original:[0]
predict:[0] original:[0]
・・・(略)
predict:[0] original:[2]
predict:[0] original:[0]
predict:[0] original:[1]
Accuracy1=0.761194 (51 / 67)
Accuracy2=0.791045 (53 / 67)
Precision=0.851064
Recall=0.754717
F1 score=0.800000
```

最終的には、67個のデータのうち、51個が正解（死亡と安楽死とを同一視すれば53個が正解）となりました。

なお、ニューラルネットワークの学習には乱数が使用されるので、学習を複数回、繰り返すとそのたびにやや異なったモデルが作成されます。

本書に記載されている出力結果についても、実際の実行結果とは厳密に同じにはならないので、細かい数字の差異は誤差として捉えてください。

COLUMN

第四モード科学としてのデータ分析AI

「**第四モードの科学**」とは、チューリング賞受賞者のデータベース研究者、ジェームズ・グレイが提起した概念で、実験的手法・理論的手法となる第一、第二パラダイムから、コンピューターシミュレーションによる第三パラダイムを経て、膨大な一次データ・二次データをもとにして科学を行う第四のパラダイムが登場する、そのように科学技術の進歩と科学者の意識は推移していくだろう、という予測になります。

この、第四のパラダイムを実現するには、学習のためのビッグデータと、なにより機械学習のための高速なコンピューターが必要になりますが、高速なコンピューターと同じくらい重要となるのが、効率的で目的に合った結果を返す機械学習モデルの構築です。

本書で紹介している小さな例においても、データの分析を行うニューラルネットワークにはさまざまな手法が存在しますし、それぞれの手法についても、学習のためのパラメーターやニューラルネットワーク内の層やニューロンの数、活性化関数など、非常に多くの要素が存在しています。

それらの要素をうまく組み合わせることができないと、どれほどのビッグデータとコンピューターを使用しても、有用な結果を求めることはできません。

ただ残念なことに、どのような場合にどのような要素を用いればいいのかという理論については、いまだ体系だったものは存在せず、試行錯誤に頼らざるを得ないのが現状です。

CHAPTER 03

数値の予想

SECTION-007

値を予想する

前章では、ニューラルネットワークの応用の1つであるデータの分類問題を扱いました。

データを分析する際には、分類問題の他にも回帰問題といって、目的変数の値を直接、予想する問題も存在します。ニューラルネットワークによる回帰問題は、ニューラルネットワークの出力値が、目的となる問題の解となるように学習を行うことで実現できます。

この章では、簡単な回帰問題として値を予測するニューラルネットワークを作成します。

この章で扱う課題

この章でもカリフォルニア大学アーバイン校(UCI)が公開している**UCI Machine Learning Repository**のデータセットを引き続き利用します。

この章では、UCI Machine Learning Repositoryのうち、「**Bike Sharing Dataset Data Set**」というデータセットを分析します。「Bike Sharing Dataset Data Set」に含まれているデータは、2011年から2012年におけるレンタル自転車の貸し出し数に関するデータです。

このデータセットには、レンタル自転車の貸し出し数と、その内訳として、登録しているユーザー(レンタル自転車のショップにあらかじめ登録して予約する制度が存在する)の利用数と、その日はじめて利用するユーザーの利用数が含まれています。

普通に考えると、レンタル自転車が利用される機会は、春や夏といった暖かい季節で、気温が高く湿度の低い晴れの日に多くなると思われます。そのため、「Bike Sharing Dataset Data Set」では、気候情報として、春夏秋冬の季節、天気、曜日、祝日かどうか、気温、湿度、風速も記録されています。

◆データから選られる知見を考える

「Bike Sharing Dataset Data Set」データセットには、日付・時間ごとの自転車の貸し出し数の推移が記録されているので、そこからは人々の移動に関する情報が抽出できるものと考えられます。

その例としては、単純に自転車の貸し出し数を予測するほかにも、曜日・天気による人の外出傾向の差や、異常値を検出することで何らかのイベントが行われた日がなかったかの判定、あるいはレンタル自転車市場の成長率を求めることなどが考えられます。

この章では、レンタル自転車の貸し出し数を目的変数とするニューラルネットワークを作成します。

◆データのダウンロード

まずはUCI Machine Learning Repositoryに含まれている、「Bike Sharing Dataset Data Set」というデータセット(https://archive.ics.uci.edu/ml/datasets/Bike+Sharing+Dataset)を開きます。

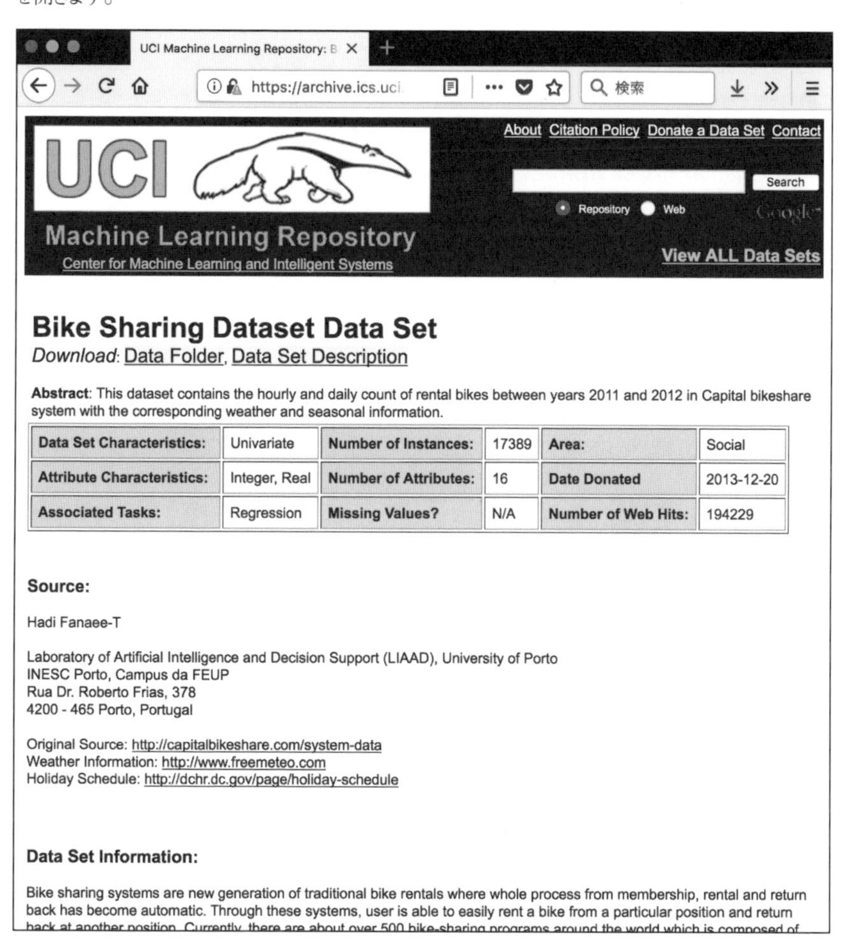

上記の画面が表示されたら、「Data Folder」をクリックしてダウンロードできるファイルを表示します。

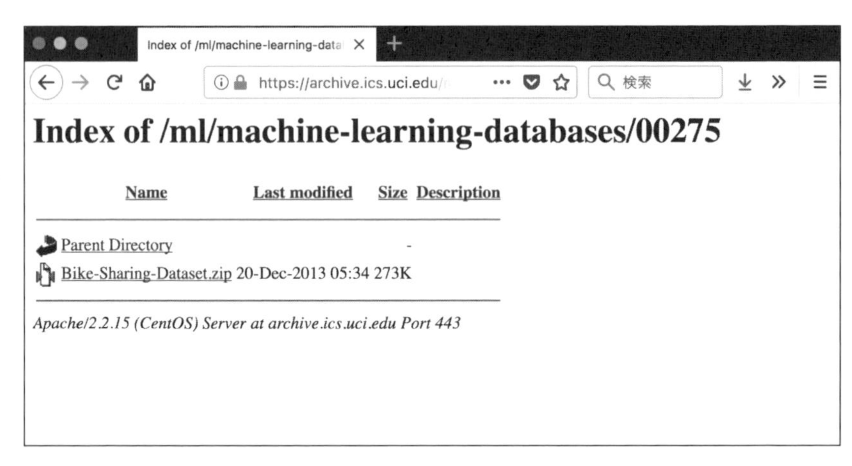

「Bike Sharing Dataset Data Set」では、「Bike-Sharing-Dataset.zip」という名前のZIPファイルがダウンロードできます。ファイルをダウンロードして解凍すると、次のように「Readme.txt」「day.csv」「hour.csv」の3つのファイルが作成されます。

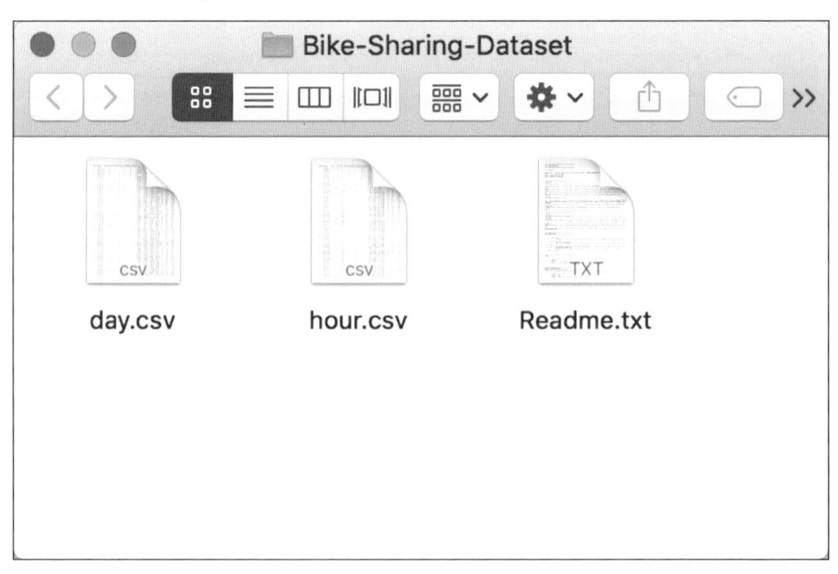

日ごとのデータの確認

さて、ZIPファイルを展開して作成されたファイルのうち、「day.csv」が日ごとの集計で、「hour.csv」が時間ごとの集計となっています。このうち、「day.csv」は、「hour.csv」の内容と同じ項目の、日ごとの集計データとなります。そのため、時刻を表す「hr」以外は同じ列名のデータが含まれています。

ここでは簡単に、「day.csv」の列名だけを表示します。

```
$ python3
>>> import pandas as pd
>>> df = pd.read_csv('day.csv')
>>> df.head()
   instant      dteday  season  yr  mnth  holiday  weekday  workingday  \
0        1  2011-01-01       1   0     1        0        6           0
1        2  2011-01-02       1   0     1        0        0           0
2        3  2011-01-03       1   0     1        0        1           1
3        4  2011-01-04       1   0     1        0        2           1
4        5  2011-01-05       1   0     1        0        3           1

   weathersit      temp     atemp       hum  windspeed  casual  registered  \
0           2  0.344167  0.363625  0.805833   0.160446     331         654
1           2  0.363478  0.353739  0.696087   0.248539     131         670
2           1  0.196364  0.189405  0.437273   0.248309     120        1229
3           1  0.200000  0.212122  0.590435   0.160296     108        1454
4           1  0.226957  0.229270  0.436957   0.186900      82        1518

    cnt
0   985
1   801
2  1349
3  1562
4  1600
```

このうち、「cnt」という列が自転車の貸し出し数を表しています。また、気温、湿度、風速の値は標準化された値が記録されており、すべて「0.0」から「1.0」の範囲に収まるように(「temp」は-8〜+39度、「atemp」は-16〜+50度、「hum」は0〜67、「windspeed」は0〜100メートルの範囲が、「0.0」から「1.0」になるように)なっています。

データのうち、「season」(季節)と「weathersit」(天気)は「1」〜「4」の、「workingday」(週末/祝日以外かどうか)は「0」か「1」の離散値を取ります。

◆分布と移動平均

「day.csv」に含まれている貸し出し数の推移を可視化するため、散布図にします。また、さらに、7日間の移動平均線を図の上に重ねて作成します。

最初に「pd.rolling_mean」で移動平均を作成し、「roll」という名前の列に保存しておき、1つ目の「de.plot」関数で散布図を作成し、2つ目の「de.plot」関数では移動平均線を、散布図に重ねて作成しています。

```
>>> de = df[['instant', 'cnt']]
>>> de['roll'] = df['cnt'].rolling(window=7).mean()
>>> ax = de.plot(kind='scatter', x='instant', y='cnt', color='g')
>>> ax = de.plot(x='instant', y='roll', color='b', ax=ax)
>>> plt.savefig('graph01.png')
```

この結果は下図のようになり、年単位の長期トレンド(レンタル自転車市場それ自体の成長)が割と大きいこともわかります。

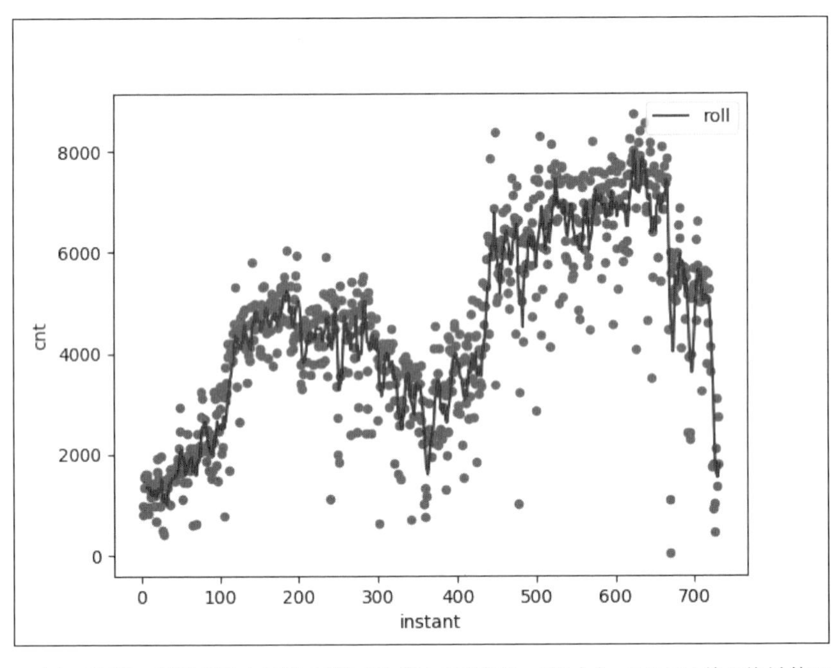

また、7日間の移動平均と実際の貸し出し数との差も取ってみます。ここでは差の絶対値の平均を表示します。

```
>>> (de.cnt - de.roll).abs().mean()
625.5802955665025
```

曜日による貸し出し数の変化はさほど大きくなかったので、だいたいこの程度の差は誤差として扱えるでしょう。

時間ごとのデータの確認

次に、「hour.csv」に含まれているデータを確認します。

```
>>> df = pd.read_csv('hour.csv')
>>> df.head()
   instant      dteday  season  yr  mnth  hr  holiday  weekday  workingday  \
0        1  2011-01-01       1   0     1   0        0        6           0
1        2  2011-01-01       1   0     1   1        0        6           0
2        3  2011-01-01       1   0     1   2        0        6           0
3        4  2011-01-01       1   0     1   3        0        6           0
4        5  2011-01-01       1   0     1   4        0        6           0

   weathersit  temp   atemp   hum  windspeed  casual  registered  cnt
0           1  0.24  0.2879  0.81        0.0       3          13   16
1           1  0.22  0.2727  0.80        0.0       8          32   40
2           1  0.22  0.2727  0.80        0.0       5          27   32
3           1  0.24  0.2879  0.75        0.0       3          10   13
4           1  0.24  0.2879  0.75        0.0       0           1    1
```

Pythonから「Pandas」ライブラリを使用してファイルを読み込み、最初の5行を表示させました。ちなみにこのデータセットにはデータの欠損はなく、日付以外の情報はすべて数値化されています。

日付情報としては、文字列で表される「dteday」以外にも、「yr」(年)、「mnth」(月)、「hr」(時間)があり、これらの値は日時と時間を表しています。

「hour.csv」は時間ごとのデータが記録されているので、まずは時間ごとに自転車の貸し出し数がどのように推移しているのかを確認してみます。

```
>>> dg = df.groupby('hr')
>>> dg['cnt'].mean()
hr
0      53.898072
1      33.375691
2      22.869930
3      11.727403
4       6.352941
5      19.889819
6      76.044138
7     212.064649
8     359.011004
9     219.309491
10    173.668501
11    208.143054
12    253.315934
13    253.661180
14    240.949246
```

```
15      251.233196
16      311.983562
17      461.452055
18      425.510989
19      311.523352
20      226.030220
21      172.314560
22      131.335165
23       87.831044
Name: cnt, dtype: float64
```

この推移は、時間ごとの変化の平均値ですが、時間ごとのデータの個数についても確認しておきます。

```
>>> df['hr'].value_counts().sort_values()
3       697
4       697
2       715
5       717
1       724
6       725
0       726
11      727
10      727
9       727
8       727
7       727
12      728
21      728
20      728
19      728
18      728
22      728
23      728
14      729
13      729
15      729
17      730
16      730
Name: hr, dtype: int64
```

「hour.csv」にはデータ項目の欠損はありませんが、以上のように時間データそのものの欠損は存在しており、すべての日に24時間分のデータがあるわけではないことがわかります。

また、時間のデータは0から23時までの種類しかないので、「groupby」関数でそれらをグループ化し、中に含まれている「cnt」(貸し出し数)列の平均を表示します。

```
>>> dg['cnt'].mean().plot.bar()
>>> from matplotlib import pylab as plt
>>> plt.savefig('graph02.png')
```

また、上記のコードのようにすると貸し出し数の推移をグラフにすることができます。上記の内容を実行すると、下図のようなグラフが保存されます。

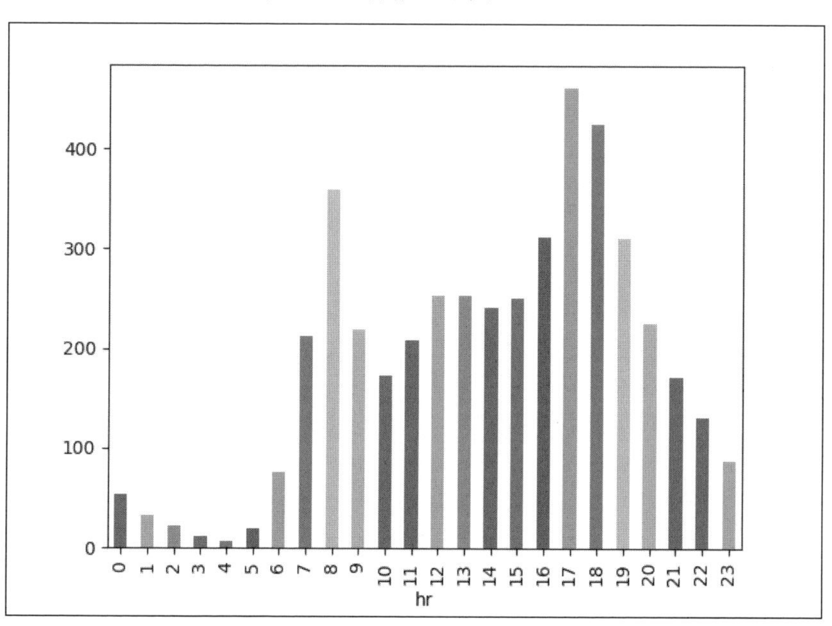

グラフを見ると、午前4時台が一番少なく、午前8時と午後の17時にピークがあることがわかります。午前8時と午後の17時は、ちょうど会社の出社・退社時間に相当するので、これは、観光地にあるようなレンタル自転車ではなく、通勤に使われる都市型のレンタル自転車のデータではないか、という推測ができます。

それでは次に、その推測を確かめるために、今度は「weekday」(曜日)ごとの貸し出し数の平均値を取ってみます。

```
>>> dg = df.groupby('weekday')
>>> dg['cnt'].mean()
weekday
0    177.468825
1    183.744655
2    191.238891
3    191.130505
4    196.436665
5    196.135907
6    190.209793
Name: cnt, dtype: float64
```

「weekday」(曜日)ごとの貸し出し数の推移もグラフにしてみます。

```
>>> dg['cnt'].mean().plot.bar()
<matplotlib.axes._subplots.AxesSubplot object at 0x1090e4630>
>>> plt.savefig('graph03.png')
```

すると、下図のようなグラフが作成されます。

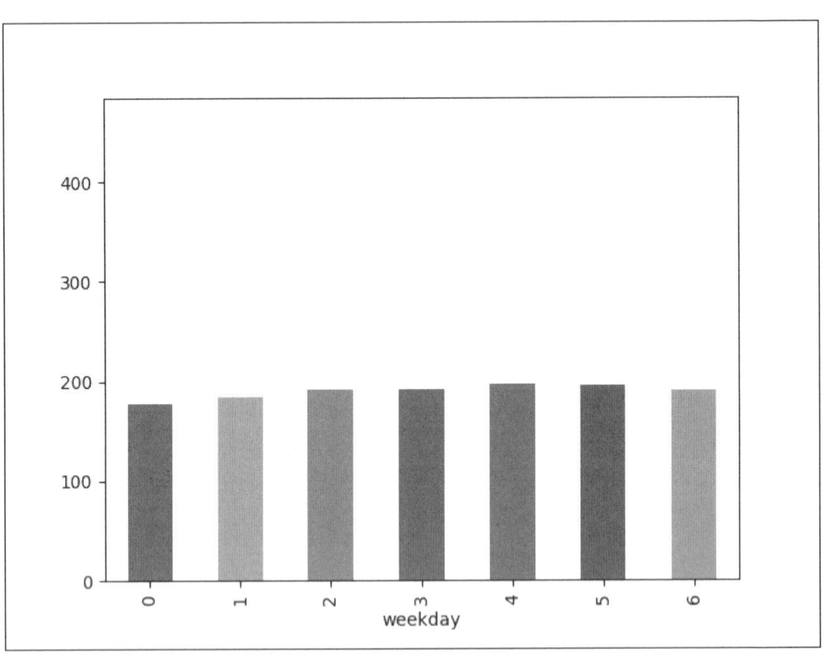

このグラフを見ると、曜日による変化は少なく、むしろ週末が若干減少していることがわかります。通勤に使われるレンタル自転車であるならば、週末は貸し出し数が大きく減少していると予想されるので、この結果は先ほどの推測と合致していないことになります。

念のために、「workingday」(週末+祝日以外)ごとの貸し出し数もチェックしておきます。

```
>>> dg = df.groupby('workingday')
>>> dg['cnt'].mean()
workingday
0    181.405332
1    193.207754
Name: cnt, dtype: float64
```

グラフにします。

```
>>> dg['cnt'].mean().plot.bar()
<matplotlib.axes._subplots.AxesSubplot object at 0x1090e4630>
>>> plt.savefig('graph04.png')
```

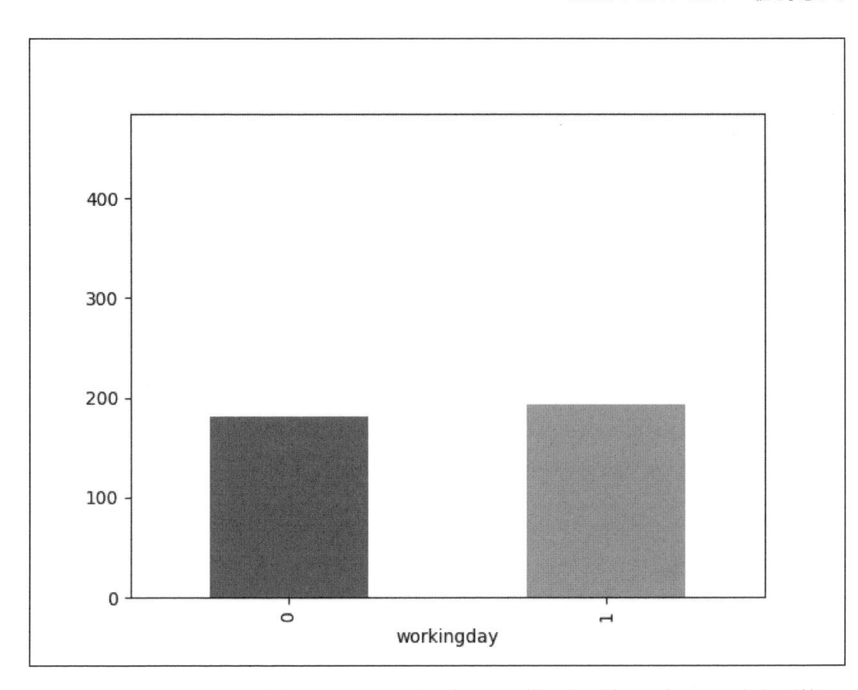

やはり大きな差はなく、週末や祝日であるかどうかは、貸し出し数そのものにはあまり影響していないことがわかります。

では今度は、「workingday」(週末+祝日以外)ごとに、時間ごとの変化を見てみましょう。

週末か祝日である場合のデータのみを「df[df.workingday==0]」として取り出し、その中身を時間ごとにグループ化して平均値を取ります。

```
>>> dh = df[df.workingday==0].groupby('hr')
>>> dh['cnt'].mean()
hr
0      90.800000
1      69.508696
2      53.171053
3      25.775330
4       8.264317
5       8.689189
6      18.742358
7      43.406926
8     105.653680
9     171.623377
10    255.909091
11    315.316017
12    366.259740
13    372.731602
14    364.645022
```

```
15    358.813853
16    352.727273
17    323.549784
18    281.056522
19    231.673913
20    174.739130
21    142.060870
22    116.060870
23     85.930435
Name: cnt, dtype: float64
>>> dh['cnt'].mean().plot.bar()
<matplotlib.axes._subplots.AxesSubplot object at 0x110cd1588>
>>> plt.savefig('graph05.png')
```


週末でも祝日でもない場合も同様にします。

```
>>> dh = df[df.workingday==1].groupby('hr')
>>> dh['cnt'].mean()
hr
0      36.786290
1      16.552632
2       8.683778
3       4.942553
4       5.429787
5      24.913131
6     102.500000
7     290.612903
8     477.006048
9     241.518145
10    135.366935
11    158.229839
12    200.820926
13    198.429719
14    183.572289
15    201.331325
16    293.122244
17    525.290581
18    492.226908
19    348.401606
20    249.718876
21    186.287149
22    138.389558
23     88.708835
Name: cnt, dtype: float64
>>> dh['cnt'].mean().plot.bar()
<matplotlib.axes._subplots.AxesSubplot object at 0x10fada9b0>
>>> plt.savefig('graph06.png')
```

すると、下図のようなグラフが保存されます。

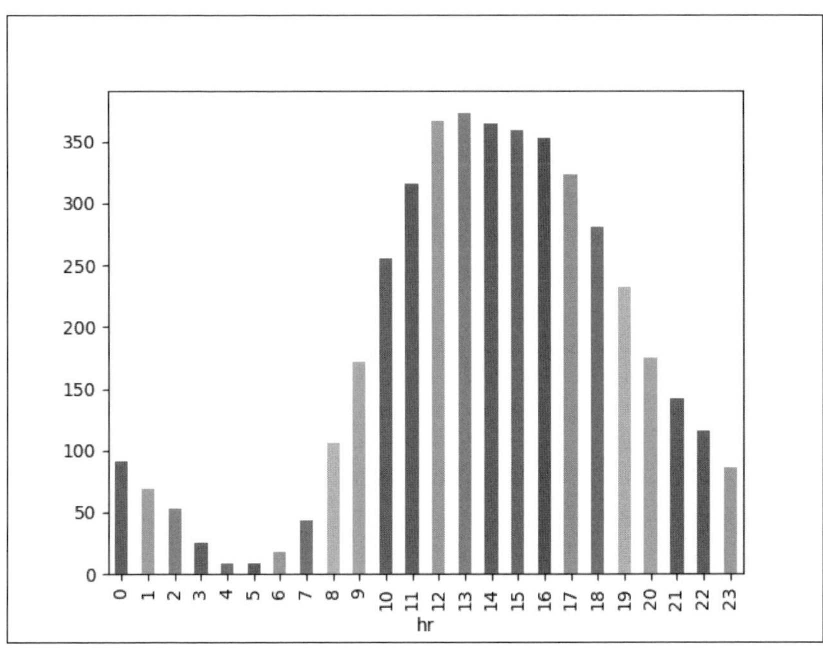

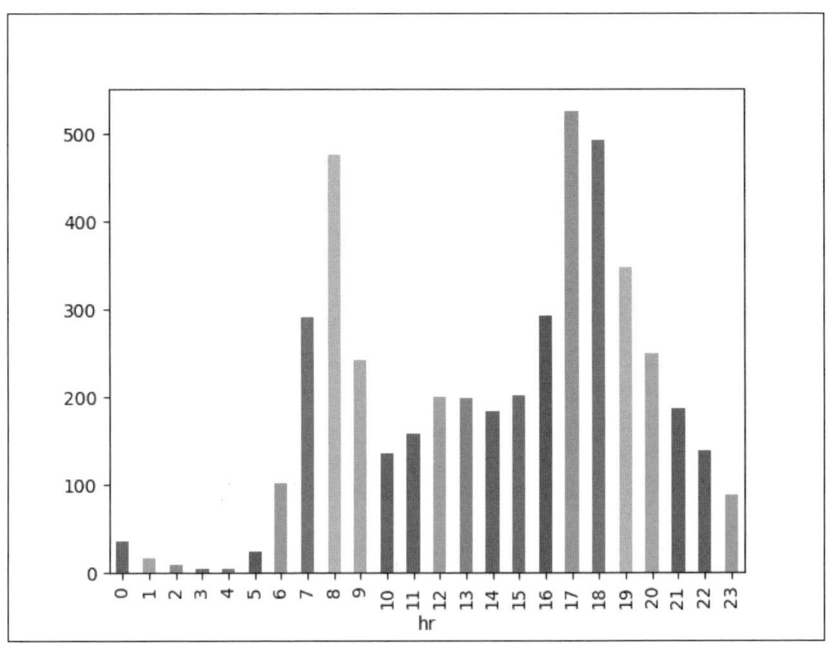

今度は、グラフの形に顕著な差が現れました。週末+祝日のデータでは日中にかけてきれいに貸し出し数が増えているのに対して、仕事のある日のデータでは通勤時間帯に貸し出し数が偏っていることがわかります。

このことから「Bike Sharing Dataset Data Set」のデータは、次のような条件で作られたものであるだろう、との推測が成り立ちます。

- 平日は通勤用の需要が、休日は観光などの需要が主で、
- 平日と休日とで貸出量の差が少ないような組み合わせ

では、その推測を裏付けるために、登録しているユーザーによる貸し出し数と、その日はじめて利用するユーザーの貸し出し数との比率を計算してみます。

```
>>> df[df.workingday==0]['registered'].mean() / df[df.workingday==0]['casual'].mean()
2.158092646148795
>>> df[df.workingday==1]['registered'].mean() / df[df.workingday==1]['casual'].mean()
6.558599996702771
```

週末でも祝日でもでない場合の方が、登録ユーザーの比率が3倍以上多くなっています。これは、通勤用にサービスに登録しているユーザーが一定数いることを表しており、週末および祝日の場合と、仕事のある日とでは、異なるユーザー層によるデータが含まれていることを示しています。

最後に、そのほかの変数と貸し出し数との相関をチェックしておきます。

```
>>> df.corr()['cnt']
instant       0.278379
season        0.178056
yr            0.250495
mnth          0.120638
hr            0.394071
holiday      -0.030927
weekday       0.026900
workingday    0.030284
weathersit   -0.142426
temp          0.404772
atemp         0.400929
hum          -0.322911
windspeed     0.093234
casual        0.694564
registered    0.972151
cnt           1.000000
Name: cnt, dtype: float64
```

「casual」「registered」は貸し出し数の中に含まれている数値なので無視してみると、やはり気温の値が大きな相関を持っていることがわかります。

また、週末+祝日かどうかごとに相関を求めると、次のようになります。

```
>>> df[df.workingday==0].corr()['cnt']
instant       0.258725
season        0.204786
yr            0.229011
mnth          0.123608
hr            0.368388
holiday      -0.044828
weekday       0.036089
workingday         NaN
weathersit   -0.153107
temp          0.515392
atemp         0.513675
hum          -0.400388
windspeed     0.105515
casual        0.944055
registered    0.975628
cnt           1.000000
Name: cnt, dtype: float64
>>> df[df.workingday==1].corr()['cnt']
instant       0.287643
season        0.165928
yr            0.260257
mnth          0.119734
hr            0.405662
holiday            NaN
weekday       0.020586
workingday         NaN
weathersit   -0.140266
temp          0.354558
atemp         0.349457
hum          -0.290817
windspeed     0.088533
casual        0.701040
registered    0.992138
cnt           1.000000
Name: cnt, dtype: float64
```

休日の場合は気温との相関が高くなっており、休日でない場合は時間との相関が高くなっていることがわかります。このことからも、週末と祝日には気温によって自転車をレンタルするかどうかを変える行動を取るユーザーが多く、仕事のある日のユーザーとは行動が異なっていることがわかります。

評価用データの扱い

「Bike Sharing Dataset Data Set」にはこのように、複数の異なるグループに属するユーザーからのデータが混在しているため、単一の予想モデルで分析しようと思えば、柔軟な学習が可能なニューラルネットワークが適していると考えられます。

また、「Bike Sharing Dataset Data Set」を扱う上でもう1つの難しい問題は、時系列データを扱わなければならないという点です。

機械学習でモデルを作成する場合、作成したモデルの評価を行うためにテスト用のデータが必要になりますが、ここでは時系列データを扱うために特別な注意が必要になります。

前章とは異なり、「Bike Sharing Dataset Data Set」ではあらかじめテストのデータを切り分けていることはないので、すべてのデータのうち、一部分を学習用のデータに、それ以外をテスト用データに使用することになります。

ところがこのとき、何も考えずにランダムにデータを取り分けてしまうと、時系列状のすぐ隣にあるデータを学習に使用することになるので、もとのデータに連続性が存在する場合、不正確に良いテストの結果が出てしまいます。

●ランダムにテスト用データを取り分ける場合

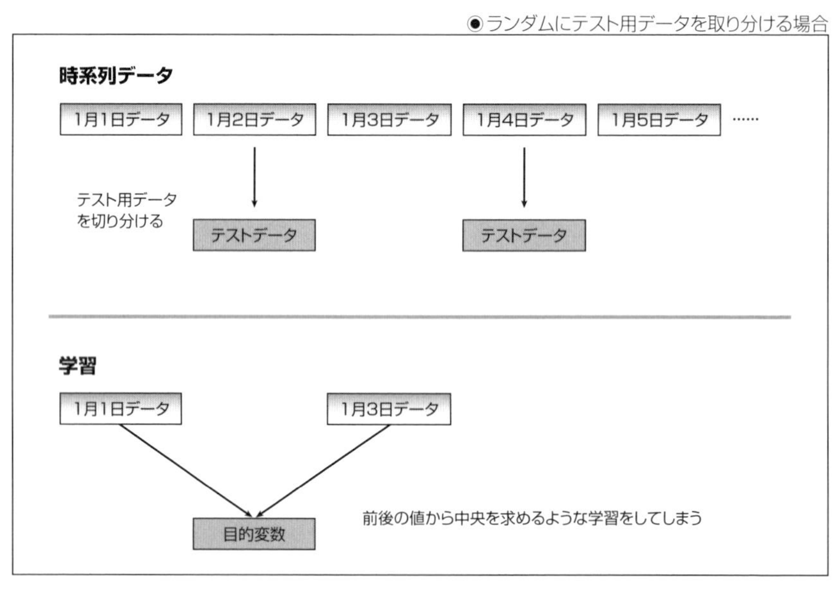

実際に予想を行う際には、未来の分のデータを予想に使用することはできないので、このようなモデルの評価は不完全なものであるといえます。

では、より長い時間軸を指定して、たとえばデータの前半を学習に利用し、後半でテストを行うようにするとどうなるでしょうか。

先ほど確認したとおり、「Bike Sharing Dataset Data Set」に含まれている自転車の貸し出し数には、年単位の長期トレンド（レンタル自転車市場それ自体の成長）が含まれているので、そのトレンドを織り込めないデータで学習をしてしまうと、予想モデルの評価値もトレンドの分だけぶれてしまいます。

◉データの前半と後半で分ける場合

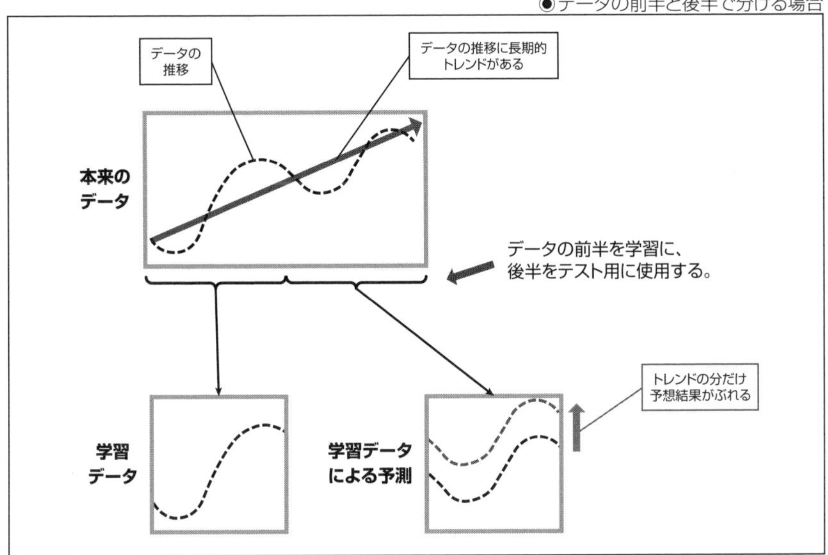

そのため、テスト用としてデータを切り分ける場合、その切り分けるデータの連続数と、切り分けを行う時間軸上の箇所が適切になるように、注意しなければなりません。

◆テスト用にデータを切り分ける

そのため、ここでは、テスト用のデータを取り分ける際に、ある程度の長さのある期間として1カ月分をまとめて切り分けることにします。

また、「Bike Sharing Dataset Data Set」には、4つの季節を表す変数も含まれているので、テスト用のデータにも4つの季節がそれぞれ含まれるように切り分ける方が望ましいでしょう。ちなみに、「Bike Sharing Dataset Data Set」における季節の区切りは、春分や秋分を基準にしているので、必ずしも月とは一致していません。

そこでこの章では、2011～2012年の2年分からなるデータのうち、2011年4月、2011年10月、2012年2月、2012年8月の4カ月をテスト用のデータとします。

「hour.csv」ファイルからデータを読み込んで、テスト用データのみを取り出すには、次のようにします。

```
df = pd.read_csv('day.csv')
i = []
i.extend( df[ df.yr==0 ][ df.mnth==4 ].index )
i.extend( df[ df.yr==0 ][ df.mnth==10 ].index )
i.extend( df[ df.yr==1 ][ df.mnth==2 ].index )
i.extend( df[ df.yr==1 ][ df.mnth==8 ].index )
df_test = df[:].iloc[i]
```

また、テスト用のデータを削除して、学習用のデータのみを作成するには、次のようにします。

```
df = pd.read_csv('day.csv')
i = []
i.extend( df[ df.yr==0 ][ df.mnth==4 ].index )
i.extend( df[ df.yr==0 ][ df.mnth==10 ].index )
i.extend( df[ df.yr==1 ][ df.mnth==2 ].index )
i.extend( df[ df.yr==1 ][ df.mnth==8 ].index )
df = df[:].drop(i)
```

SECTION-008

値を予想するモデル

データの確認が済んだので、実際に値の予想を行うモデルを作成していきますが、そのために、どのようなモデルを作成するかを考えます。

まず、「Bike Sharing Dataset Data Set」に含まれているデータには、予測せずともカレンダーから決定できるデータ(日付や曜日、祝日かどうかなど)と、決定できないデータ(気温や湿度の推移)が含まれています。また、翌日の天気予報を頼りにするのであれば、最低気温・最高気温などの予想も利用できるでしょう。

本来であれば、24時間分の気象データの推移の予測を利用できれば望ましいのですが、実際には最低値・最高値の2つの値が利用できればよい方ではないかと思います。

そこでここでは、予測する対象の日の、年、月、季節、時刻、仕事のある日かどうか、天気の5つと、気温、湿度、風速の最低値と最高値を値の予想に利用します。

◉レンタル数を求める

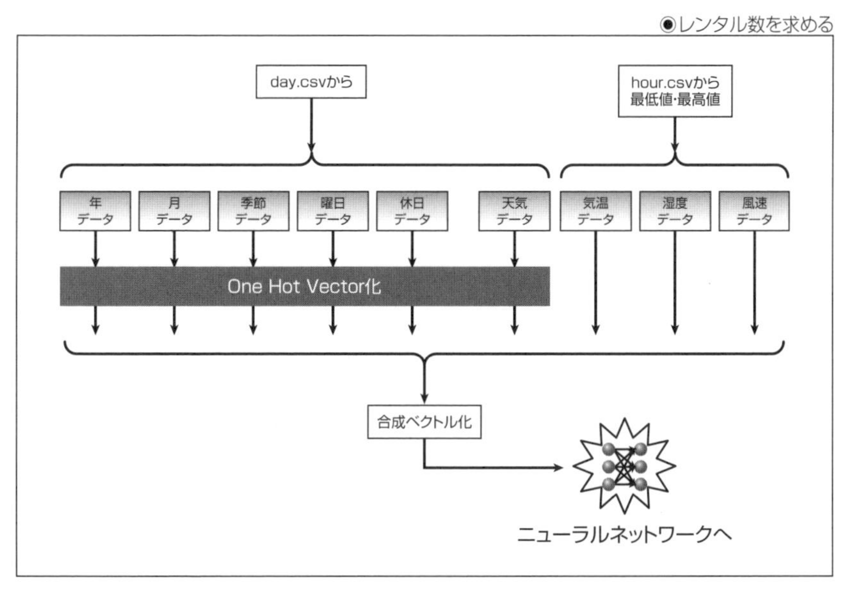

これらの入力値のうち、年、月、季節、時刻、仕事のある日かどうか、天気については離散的なデータとして与えられるので、ニューラルネットワークに入力する前にOne Hot Vector化しておきます。

そして、時間ごとのデータから取得できる気温、湿度、風速の最低値および最高値と合成し、1次元のベクトルデータとすれば、ニューラルネットワークへの入力データとすることができます。

データの準備

モデル作成の戦略ができたので、実際にプログラムを作成して、最初のモデルを作成していきます。

◆ One Hot Vector化

前章では離散的なデータを扱うためにEmbedding層を利用しましたが、この章では自前の関数でデータをOne Hot Vector化します。

まずは、そのための関数を用意するので、「chapt03-1.py」というファイルを作成して、次のコードを打ち込みます。

SOURCE CODE ‖ chapt03-1.py

```
# -*- coding: utf-8 -*-
import pandas as pd
import numpy as np

# 離散値をOne Hot Vectorにする関数
def one_hot_vector(val, size):
  result = np.zeros(size)
  result[val] = 1.0
  return result
```

関数の中身は単純で、与えられた値の場所のみが「1」でそれ以外が「0」であるようなベクトルを返すだけです。

◆ 日ごとデータの読み込み

次に、「day.csv」を読み込んだ後、テスト用のデータを削除して、学習用のデータのみからなるデータセットを作成します。そのためのコードは次のようになります。

SOURCE CODE ‖ chapt03-1.pyのコード

```
# データを読み込む
df = pd.read_csv('day.csv')
# テスト用のデータを削除して、学習用のデータのみを作成する
i = []
i.extend( df[ df.yr==0 ][ df.mnth==4 ].index )
i.extend( df[ df.yr==0 ][ df.mnth==10 ].index )
i.extend( df[ df.yr==1 ][ df.mnth==2 ].index )
i.extend( df[ df.yr==1 ][ df.mnth==8 ].index )
df_train = df[:].drop(i)
```

また、「1」から始まる離散的なデータを「0」から始まるようにしておきます。

SOURCE CODE ‖ chapt03-1.pyのコード

```
# 1から始まるデータを0からにする
df_train['season'] = df_train['season'] - 1
df_train['mnth'] = df_train['mnth'] - 1
df_train['weathersit'] = df_train['weathersit'] - 1
```

さらにデータセットから必要なデータを取り出します。

SOURCE CODE ‖ chapt03-1.pyのコード

```
# 日ごとのデータ
X_day = df_train[['yr','mnth','season','weekday','workingday','weathersit']].values
# 正解データ
Y = df_train.cnt.values.astype(float)
```

そして、目的変数である自転車の貸し出し数は、最大値と最小値の間が「0」から「1」になるように正規化しておきます。

SOURCE CODE ‖ chapt03-1.pyのコード

```
# 値を正規化する
y_min = np.min(Y)
y_max = np.max(Y)
Y = (Y - y_min) / (y_max - y_min)
```

◆学習データの作成

次に、「hour.csv」から時間ごとのデータを読み込みます。また、学習データを保持しておくためのリストもここで定義しておきます。

SOURCE CODE ‖ chapt03-1.pyのコード

```
# 時間ごとのデータを読み込む
df_h = pd.read_csv('hour.csv')

# 学習データ
X = []
```

そして、先ほど用意した日ごとのデータに対してループを回し、離散的なデータをOne Hot Vectorにします。

また、日ごとのデータから「dteday」で定義されている日付文字列を取得し、その日付文字列に合致するデータを時間ごとのデータから取得します。

つまり、ループ内で代入される「today」変数には、その日の日付に合致する時間ごとのデータが選択され、その中から気温、湿度、風速を取得すれば、その日の気象情報の推移が取得できます。

あとは、最低値と最高値を計算して、すべてのデータをつなげた合成ベクトルを作成し、学習データ用のリストに追加していきます。

SOURCE CODE ‖ chapt03-1.pyのコード

```
# すべての学習データの日に対して
for i in range(df_train.shape[0]):
  # 当日のデータをベクトル化
  vec1 = one_hot_vector(X_day[i][0],2) # 年
  vec2 = one_hot_vector(X_day[i][1],12) # 月
  vec3 = one_hot_vector(X_day[i][2],4) # 季節
```

▼

```
    vec4 = one_hot_vector(X_day[i][3],7) # 曜日
    vec5 = one_hot_vector(X_day[i][4],2) # 休日
    vec6 = one_hot_vector(X_day[i][5],4) # 天気
    today = df_h[df_h.dteday==df_train.iloc[i].dteday] # 時間ごとのデータ
    t = today.temp.values # 気温
    h = today.hum.values # 湿度
    w = today.windspeed.values # 風速
    vec7 = [np.max(t),np.min(t),  # 最低気温・最高気温
        np.max(h),np.min(h),  # 最低湿度・最高湿度
        np.max(w),np.min(w)]  # 最低風速・最高風速
    # すべてのデータを含む合成ベクトル
    vec = np.concatenate((vec1,vec2,vec3,vec4,vec5,vec6,vec7))
    # 学習データに追加
    X.append(vec)
```


あとは、データをApache MXNetのNDArray型にしておけば、データの準備は完了です。

SOURCE CODE | chapt03-1.pyのコード

```
# Apache MXNetのデータにする
from mxnet import nd
X = nd.array(X)
Y = nd.array(Y)
```

Gluonのモデルを作成する

次に、前章と同じようにGluonを利用してニューラルネットワークのモデルを作成していきます。

ニューラルネットワークの層の接続については詳しい図解はしませんが、前章と同じような順伝播型ニューラルネットワークを作成します。

◆モデルを定義する

まずは、「chapt03model.py」というファイルを作成し、「get_model」という関数を作成します。

SOURCE CODE | chapt03model.pyのコード

```
# -*- coding: utf-8 -*-
from mxnet.gluon import nn


def get_model():
```

前章では、ニューラルネットワークのモデルはクラスとして作成しましたが、実はGluonにはより簡単に順伝播型ニューラルネットワークを作成できるAPIが用意されています。

Gluonの「Sequential」クラスは、複数のニューラルネットワークの層を追加することができる汎用モデルで、入力されたデータを、追加した層に順番に伝播させるニューラルネットワークを構築します。データの流れを分岐させたり合成させたりすることはできませんが、単純な順伝播型ニューラルネットワークを作成する場合には便利に利用することができます。

先ほど作成した「get_model」関数の中に、次のようなコードを追加します。

SOURCE CODE || chapt03model.pyのコード

```
def get_model():
  # モデルを作成する
  model = nn.Sequential()
  with model.name_scope():
    model.add(nn.Dense(30, activation='tanh'))
    model.add(nn.Dense(30, activation='tanh'))
    model.add(nn.Dense(30, activation='tanh'))
    model.add(nn.Dense(30, activation='tanh'))
    model.add(nn.Dense(30, activation='tanh'))
    model.add(nn.Dense(30, activation='tanh'))
    model.add(nn.Dense(30, activation='tanh'))
    model.add(nn.Dense(1))
  return model
```

このコードでは、「Sequential」クラスを作成してそこに合計8層のDense層を追加しています。また、活性化関数も、Dense層の定義の際にパラメーターから「tanh」を指定しています。最後に追加しているDense層のニューロン数が1なのは値を予測するニューラルネットワークを作成するためで、最後のDense層の出力値がそのままニューラルネットワークの出力値となります。

機械学習を行う

ニューラルネットワークのモデルが完成したら、「chapt03-1.py」ファイルに戻って、機械学習を行うためのコードを作成します。

◆モデルを作成する

まずは、Apache MXNetのライブラリをインポートします。インポートしている損失関数が、前章とは異なり、「L2Loss」となっています。L2Lossはその名前の通り、入力されたベクトル間のL2ノルム（各次元間の絶対値の和）を返します。

●L2Lossの定義

$$L = \frac{1}{2}\sum_i \left| pred_i - label_i \right|^2.$$

ニューラルネットワークは損失の値が小さくなる方向へと学習されるので、L2Lossを使用した学習では、出力データのすべての値が、基準となるベクトルデータの各次元の値と同じになるように学習されていきます。

また、L2Lossと同じような学習を行う損失関数として、「L1Loss」（L1ノルムを返す）もあります。

SOURCE CODE chapt03-1.pyのコード

```
# Apache MXNetを使う準備
from mxnet import autograd
from mxnet import cpu
from mxnet.gluon import Trainer
from mxnet.gluon.loss import L2Loss
```

次にモデルをインポートし、インスタンスを作成します。

SOURCE CODE chapt03-1.pyのコード

```
# モデルをインポートする
import chapt03model

# モデルを作成する
model = chapt03model.get_model()
model.initialize(ctx=[cpu(0),cpu(1),cpu(2),cpu(3)])
```


◆利用する損失関数

次に学習アルゴリズムを選択し、損失関数を作成します。損失関数としては先ほどインポートした「L2Loss」を使用します。この「L2Loss」を使用することで、ニューラルネットワークの出力が、値を直接出力できるようになります。

ちなみに「L2Loss」では、正解データとの差の二乗が小さくなるように学習し、「L1Loss」では正解データとの差の絶対値が小さくなるように学習しますが、ニューラルネットワークの逆伝播の際に微分計算が行われるため、実際上は「L2Loss」と「L1Loss」の違いはありません。

SOURCE CODE chapt03-1.pyのコード

```
# 学習アルゴリズムを設定する
trainer = Trainer(model.collect_params(),'adam')
loss_func = L2Loss()
```

◆機械学習を行う

次に、データをミニバッチへと分解し、機械学習を行います。このためのコードは、学習回数が100エポック分になっていること以外は、前章のものとまったく同じなので、特に詳しい解説は行いません。

SOURCE CODE chapt03-1.pyのコード

```
# 機械学習を開始する
print('start training...')
batch_size = 15
epochs = 100
loss_n = [] # ログ表示用の損失の値
for epoch in range(1, epochs + 1):
  # ランダムに並べ替えたインデックスを作成
  indexs = np.random.permutation(X.shape[0])
  cur_start = 0
```

```
while cur_start < X.shape[0]:
  # ランダムなインデックスから、バッチサイズ分のウィンドウを選択
  cur_end = (cur_start + batch_size) if (cur_start + batch_size) < X.shape[0] else X.shape[0]
  data = X[indexs[cur_start:cur_end]]
  label = Y[indexs[cur_start:cur_end]]
  # ニューラルネットワークを順伝播
  with autograd.record():
    output = model(data)
    # 損失の値を求める
    loss = loss_func(output, label)
    # ログ表示用に損失の値を保存
    loss_n.append(np.mean(loss.asnumpy()))
  # 損失の値から逆伝播する
  loss.backward()
  # 学習ステータスをバッチサイズ分進める
  trainer.step(batch_size, ignore_stale_grad=True)
  cur_start = cur_end
# ログを表示
ll = np.mean(loss_n)
print('%d epoch loss=%f...'%(epoch,ll))
loss_n = []
```

◆モデルを保存する

最後に学習が終わったモデルを保存します。このときに、データの正規化に使用したパラメーターも保存するようにしておきます。

SOURCE CODE ‖ chapt03-1.pyのコード

```
# 学習結果を保存
model.save_params('chapt03.params')
# 正規化のための情報を保存
with open('norm.csv', 'w') as file:
  file.write('min,max\n')
  file.write('%f,%f\n'%(y_min,y_max))
```

◆最終的なコード

以上の内容をすべてつなげると、自転車の貸し出し数を予測するモデルを学習させるためのプログラムは、次のようになります。

SOURCE CODE ‖ chapt03-1.pyのコード

```
# -*- coding: utf-8 -*-
import pandas as pd
import numpy as np

# 離散値をOne Hot Vectorにする関数
def one_hot_vector(val, size):
  result = np.zeros(size)
  result[val] = 1.0
  return result

# データを読み込む
df = pd.read_csv('day.csv')
# テスト用のデータを削除して、学習用のデータのみを作成する
i = []
i.extend( df[ df.yr==0 ][ df.mnth==4 ].index )
i.extend( df[ df.yr==0 ][ df.mnth==10 ].index )
i.extend( df[ df.yr==1 ][ df.mnth==2 ].index )
i.extend( df[ df.yr==1 ][ df.mnth==8 ].index )
df_train = df[:].drop(i)

# 1から始まるデータを0からにする
df_train['season'] = df_train['season'] - 1
df_train['mnth'] = df_train['mnth'] - 1
df_train['weathersit'] = df_train['weathersit'] - 1

# 日ごとのデータ
X_day = df_train[['yr','mnth','season','weekday','workingday','weathersit']].values
# 正解データ
Y = df_train.cnt.values.astype(float)

# 値を正規化する
y_min = np.min(Y)
y_max = np.max(Y)
Y = (Y - y_min) / (y_max - y_min)

# 時間ごとのデータを読み込む
df_h = pd.read_csv('hour.csv')

# 学習データ
X = []

# すべての学習データの日に対して
```

```
for i in range(df_train.shape[0]):
  # 当日のデータをベクトル化
  vec1 = one_hot_vector(X_day[i][0],2) # 年
  vec2 = one_hot_vector(X_day[i][1],12) # 月
  vec3 = one_hot_vector(X_day[i][2],4) # 季節
  vec4 = one_hot_vector(X_day[i][3],7) # 曜日
  vec5 = one_hot_vector(X_day[i][4],2) # 休日
  vec6 = one_hot_vector(X_day[i][5],4) # 天気
  today = df_h[df_h.dteday==df_train.iloc[i].dteday] # 時間ごとのデータ
  t = today.temp.values # 気温
  h = today.hum.values # 湿度
  w = today.windspeed.values # 風速
  vec7 = [np.max(t),np.min(t),  # 最低気温・最高気温
      np.max(h),np.min(h),  # 最低湿度・最高湿度
      np.max(w),np.min(w)]  # 最低風速・最高風速
  # すべてのデータを含む合成ベクトル
  vec = np.concatenate((vec1,vec2,vec3,vec4,vec5,vec6,vec7))
  # 学習データに追加
  X.append(vec)

# Apache MXNetのデータにする
from mxnet import nd
X = nd.array(X)
Y = nd.array(Y)

# Apache MXNetを使う準備
from mxnet import autograd
from mxnet import cpu
from mxnet.gluon import Trainer
from mxnet.gluon.loss import L2Loss

# モデルをインポートする
import chapt03model

# モデルを作成する
model = chapt03model.get_model()
model.initialize(ctx=[cpu(0),cpu(1),cpu(2),cpu(3)])

# 学習アルゴリズムを設定する
trainer = Trainer(model.collect_params(),'adam')
loss_func = L2Loss()

# 機械学習を開始する
print('start training...')
batch_size = 15
epochs = 100
loss_n = [] # ログ表示用の損失の値
```

```
for epoch in range(1, epochs + 1):
  # ランダムに並べ替えたインデックスを作成
  indexs = np.random.permutation(X.shape[0])
  cur_start = 0
  while cur_start < X.shape[0]:
    # ランダムなインデックスから、バッチサイズ分のウィンドウを選択
    cur_end = (cur_start + batch_size) if (cur_start + batch_size) < X.shape[0] else X.shape[0]
    data = X[indexs[cur_start:cur_end]]
    label = Y[indexs[cur_start:cur_end]]
    # ニューラルネットワークを順伝播
    with autograd.record():
      output = model(data)
      # 損失の値を求める
      loss = loss_func(output, label)
      # ログ表示用に損失の値を保存
      loss_n.append(np.mean(loss.asnumpy()))
    # 損失の値から逆伝播する
    loss.backward()
    # 学習ステータスをバッチサイズ分進める
    trainer.step(batch_size, ignore_stale_grad=True)
    cur_start = cur_end
  # ログを表示
  ll = np.mean(loss_n)
  print('%d epoch loss=%f...'%(epoch,ll))
  loss_n = []

# 学習結果を保存
model.save_params('chapt03.params')
# 正規化のための情報を保存
with open('norm.csv', 'w') as file:
  file.write('min,max\n')
  file.write('%f,%f\n'%(y_min,y_max))
```

このプログラムを実行すると、次のように表示され、学習が進みます。

```
$ python3 chapt03-1.py
start training...
1 epoch loss=0.090379...
2 epoch loss=0.018664...
3 epoch loss=0.007532...
4 epoch loss=0.005941...
・・・(略)
97 epoch loss=0.004059...
98 epoch loss=0.003982...
99 epoch loss=0.004175...
100 epoch loss=0.004046...
```

学習が終了すると、「chapt03.params」と「norm.csv」という2つのファイルが作成されます。

SECTION-009

モデルを使用して予想を行う

モデルの学習が終了したら、次は実際にそのモデルを使用して自転車の貸し出し数を予測します。

データの準備

まずは新しく「chapt03-2.py」という名前のファイルを作成し、データを読み込むコードを作成します。この箇所は先ほどの学習用のコードとほぼ同じですが、「day.csv」からデータを取り出す箇所で、テスト用データを削除する代わりにテスト用データのみを取り出すようにしています。

SOURCE CODE | chapt03-2.pyのコード

```
# -*- coding: utf-8 -*-
import pandas as pd
import numpy as np

# 離散値をOne Hot Vectorにする関数
def one_hot_vector(val, size):
  result = np.zeros(size)
  result[val] = 1.0
  return result

# データを読み込む
df = pd.read_csv('day.csv')
# テスト用のデータのみを作成する
i = []
i.extend( df[ df.yr==0 ][ df.mnth==4 ].index )
i.extend( df[ df.yr==0 ][ df.mnth==10 ].index )
i.extend( df[ df.yr==1 ][ df.mnth==2 ].index )
i.extend( df[ df.yr==1 ][ df.mnth==8 ].index )
df_test = df[:].iloc[i]

# 1から始まるデータを0からにする
df_test['season'] = df_test['season'] - 1
df_test['mnth'] = df_test['mnth'] - 1
df_test['weathersit'] = df_test['weathersit'] - 1

# 日ごとのデータ
X_day_test = df_test[['yr','mnth','season','weekday','workingday','weathersit']].values

# 評価用データ
Y = df_test.cnt.values.astype(float)

# 時間ごとのデータを読み込む
df_h = pd.read_csv('hour.csv')
```

モデルの実行

次に、ニューラルネットワークへ入力する形式のデータをを作成し、ニューラルネットワークを実行します。

◆入力データの作成

まずは、離散的なデータをOne Hot Vectorとし、気温、湿度、風速の最低値および最高値と合成したベクトルを作成します。このためのコードは学習の際と同じものになります。

SOURCE CODE | chapt03-2.pyのコード

```
# 時間ごとのデータを読み込む
df_h = pd.read_csv('hour.csv')

# 入力データ
X = []

# すべてのテスト用データの日に対して
for i in range(df_test.shape[0]):
  # 当日のデータをベクトル化
  vec1 = one_hot_vector(X_day_test[i][0],2) # 年
  vec2 = one_hot_vector(X_day_test[i][1],12) # 月
  vec3 = one_hot_vector(X_day_test[i][2],4) # 季節
  vec4 = one_hot_vector(X_day_test[i][3],7) # 曜日
  vec5 = one_hot_vector(X_day_test[i][4],2) # 休日
  vec6 = one_hot_vector(X_day_test[i][5],4) # 天気
  today = df_h[df_h.dteday==df_test.iloc[i].dteday] # 時間ごとのデータ
  t = today.temp.values # 気温
  h = today.hum.values # 湿度
  w = today.windspeed.values # 風速
  vec7 = [np.max(t),np.min(t),  # 最低気温・最高気温
      np.max(h),np.min(h),  # 最低湿度・最高湿度
      np.max(w),np.min(w)]  # 最低風速・最高風速
  # 全てのデータを含む合成ベクトル
  vec = np.concatenate((vec1,vec2,vec3,vec4,vec5,vec6,vec7))
  # 学習データに追加
  X.append(vec)
```

そして、ニューラルネットワークへ入力をApache MXNetのNDArray型へと変換します。

SOURCE CODE | chapt03-2.pyのコード

```
# Apache MXNetのデータにする
from mxnet import nd
X = nd.array(X)
```

◆モデルの用意

次に、ニューラルネットワークのモデルをファイルから読み込みます。

SOURCE CODE | chapt03-2.pyのコード

```
# Apache MXNetを使う準備
from mxnet import autograd
from mxnet import cpu
from mxnet.gluon import Trainer
from mxnet.gluon.loss import L2Loss

# モデルをインポートする
import chapt03model

# モデルを作成する
model = chapt03model.get_model()
# 学習結果を読み込む
model.load_params('chapt03.params', ctx=[cpu(0),cpu(1),cpu(2),cpu(3)])
```

さらに、データの正規化の際に使用したパラメーターも読み込みます。

SOURCE CODE | chapt03-2.pyのコード

```
# 正規化のときのデータ
df_norm = pd.read_csv('norm.csv')
y_min = df_norm['min'].values[0]
y_max = df_norm['max'].values[0]
```

◆モデルの実行

入力データとモデルが用意できたので、実際にニューラルネットワークへと順伝播させます。ここではすべてのデータをミニバッチとして扱い、一度の入力ですべての日の結果を取得しています。

SOURCE CODE | chapt03-2.pyのコード

```
# ニューラルネットワークを順伝播
predict = model(X)
predict = predict.asnumpy()[:,0]
predict = predict * (y_max - y_min) + y_min
```

上記のコードが実行されると、「`predict`」変数にニューラルネットワークが予測する自転車の貸し出し数が代入されることになります。

結果の表示

さて、ニューラルネットワークの実行が完了したので、ニューラルネットワークの予測と、実際の貸し出し数との差を取ってモデルを評価することにします。

◆線形回帰を得る

回帰を行うモデルの評価方法には、いくつかの手法があります。

まずは、ニューラルネットワークの予測と貸し出し数との単線形回帰を計算し、回帰定数と回帰係数を求めてみます。ニューラルネットワークの予測と実際の貸し出し数とは「predict」と「Y」という変数に入っているので、「scikit-learn」の「LinearRegression」クラスを利用すれば、次のようにして回帰定数と回帰係数を求めることができます。

SOURCE CODE | chapt03-2.pyのコード

```
# 回帰直線を得る
from sklearn.linear_model import LinearRegression
clf = LinearRegression()
clf.fit(predict.reshape(-1, 1), Y)
coef = clf.coef_[0] # 傾き
intr = clf.intercept_ # 切片
maxp = np.max(predict) # 最大値
```

◆結果を可視化する

ニューラルネットワークの予想値を評価する方法はいくつか考えられますが、最も単純かつ効果的なのは、予測値と実際の値を散布図にプロットして可視化することです。

ここでは次のように、季節ごとに異なる色の点でグラフにプロットし、「result.png」という名前で保存します。また、図には、先ほど計算した線形回帰の回帰直線も重ねて表示します。

SOURCE CODE | chapt03-2.pyのコード

```
# 結果を散布図にして保存
import matplotlib.pyplot as plt

# 季節ごとに色分け
plorcol = df_test.season.values
ax = pd.DataFrame({'x': predict,'y': Y}).plot(kind='scatter', x='x', y='y', c=plorcol,
colormap='gnuplot')
pd.DataFrame({'x': [0,8000],'regression': [intercept,8000*coef]}).plot(ax=ax, x='x',
y='regression')
plt.savefig('result.png')
plt.clf()
```

また、モデルの評価値として、相関係数と、実際の貸し出し数との差分の絶対値の平均、実際の貸し出し数との差分の二乗の平均の平方根を求めます。

SOURCE CODE ‖ chapt03-2.pyのコード

```
# 評価を表示
print('corrcoef = %f'%np.corrcoef(predict, Y)[0,1])
print('absolute_mean = %f'%np.mean(np.absolute(np.subtract(predict, Y))))
print('power_mean = %f'%np.sqrt(np.mean(np.power(np.subtract(predict, Y),2))))
```

こうした評価値の意味については本書の範囲を超えるので解説しません。詳しい知識を求める方は、統計学の入門書を参考にしてください。

◆最終的なコード

以上の内容をすべてつなげると、ニューラルネットワークの実行を行い学習していないデータから貸し出し数の予測を行うプログラムが完成します。最終的なコードは、次のようになります。

SOURCE CODE ‖ chapt03-2.pyのコード

```
# -*- coding: utf-8 -*-
import pandas as pd
import numpy as np

# 離散値をOne Hot Vectorにする関数
def one_hot_vector(val, size):
  result = np.zeros(size)
  result[val] = 1.0
  return result

# データを読み込む
df = pd.read_csv('day.csv')
# テスト用のデータのみを作成する
i = []
i.extend( df[ df.yr==0 ][ df.mnth==4 ].index )
i.extend( df[ df.yr==0 ][ df.mnth==10 ].index )
i.extend( df[ df.yr==1 ][ df.mnth==2 ].index )
i.extend( df[ df.yr==1 ][ df.mnth==8 ].index )
df_test = df[:].iloc[i]

# 1から始まるデータを0からにする
df_test['season'] = df_test['season'] - 1
df_test['mnth'] = df_test['mnth'] - 1
df_test['weathersit'] = df_test['weathersit'] - 1

# 日ごとのデータ
X_day_test = df_test[['yr','mnth','season','weekday','workingday','weathersit']].values

# 評価用データ
Y = df_test.cnt.values.astype(float)
```

```
# 時間ごとのデータを読み込む
df_h = pd.read_csv('hour.csv')

# 入力データ
X = []

# すべてのテスト用データの日に対して
for i in range(df_test.shape[0]):
  # 当日のデータをベクトル化
  vec1 = one_hot_vector(X_day_test[i][0],2) # 年
  vec2 = one_hot_vector(X_day_test[i][1],12) # 月
  vec3 = one_hot_vector(X_day_test[i][2],4) # 季節
  vec4 = one_hot_vector(X_day_test[i][3],7) # 曜日
  vec5 = one_hot_vector(X_day_test[i][4],2) # 休日
  vec6 = one_hot_vector(X_day_test[i][5],4) # 天気
  today = df_h[df_h.dteday==df_test.iloc[i].dteday] # 時間ごとのデータ
  t = today.temp.values # 気温
  h = today.hum.values # 湿度
  w = today.windspeed.values # 風速
  vec7 = [np.max(t),np.min(t),  # 最低気温・最高気温
      np.max(h),np.min(h),  # 最低湿度・最高湿度
      np.max(w),np.min(w)]  # 最低風速・最高風速
  # すべてのデータを含む合成ベクトル
  vec = np.concatenate((vec1,vec2,vec3,vec4,vec5,vec6,vec7))
  # 学習データに追加
  X.append(vec)

# Apache MXNetのデータにする
from mxnet import nd
X = nd.array(X)

# Apache MXNetを使う準備
from mxnet import autograd
from mxnet import cpu
from mxnet.gluon import Trainer
from mxnet.gluon.loss import L2Loss

# モデルをインポートする
import chapt03model

# モデルを作成する
model = chapt03model.get_model()
# 学習結果を読み込む
model.load_params('chapt03.params', ctx=[cpu(0),cpu(1),cpu(2),cpu(3)])

# 正規化のときのデータ
```

```
df_norm = pd.read_csv('norm.csv')
y_min = df_norm['min'].values[0]
y_max = df_norm['max'].values[0]

# ニューラルネットワークを順伝播
predict = model(X)
predict = predict.asnumpy()[:,0]
predict = predict * (y_max - y_min) + y_min

# 回帰直線を得る
from sklearn.linear_model import LinearRegression
clf = LinearRegression()
clf.fit(predict.reshape(-1, 1), Y)
coef = clf.coef_[0] # 傾き
intr = clf.intercept_ # 切片
maxp = np.max(predict) # 最大値

# 結果を散布図にして保存
import matplotlib.pyplot as plt

# 季節ごとに色分け
plorcol = df_test.season.values
# 散布図を描く
df_plot = pd.DataFrame({'x': predict,'y': Y})
ax = df_plot.plot(kind='scatter', x='x', y='y', c=plorcol, colormap='gnuplot')
# 回帰直線を重ねて描く
df_line = pd.DataFrame({'x': [0,maxp],'regression': [intr,intr+maxp*coef]})
df_line.plot(ax=ax, x='x', y='regression')
# グラフを保存
plt.savefig('result.png')
plt.clf()

# 評価を表示
print('corrcoef = %f'%np.corrcoef(predict, Y)[0,1])
print('absolute_mean = %f'%np.mean(np.absolute(np.subtract(predict, Y))))
print('power_mean = %f'%np.sqrt(np.mean(np.power(np.subtract(predict, Y),2))))
```

上記のプログラムを実行すると、次のようなグラフが保存されます。

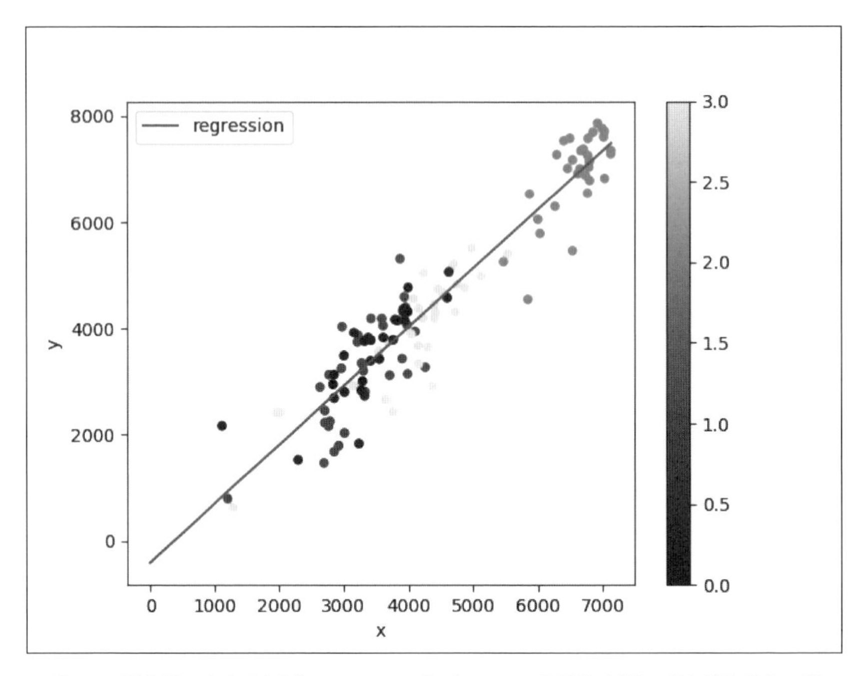

グラフの形を見てわかるとおり、ニューラルネットワークの予測と実際の貸し出し数との間には良好な相関があります。

プログラムの実行結果は、次のようになり、相関係数「0.944」で、実際の貸し出し数との差の平均値は「490」となりました。

```
> python3 chapt03-2.py
corrcoef=0.944245
absolute_mean=490.302764
power_mean=606.924080
```

ニューラルネットワークの学習には乱数が使われるため、この値は学習を行うたびに異なりますが、この章で作成したモデルを使用すると、おおよそ差の平均値で「480」から「550」程度のモデルが作成されるようです。

CHAPTER 04

教師なし学習とクラスタリング

SECTION-010

教師なし学習

CHAPTER 02とCHAPTER 03で紹介したクラス分類と回帰分析は、教師あり学習と呼ばれる機械学習の基本的な事例となります。

教師あり学習では、入力となる教師データと、目的変数が学習に必要になりますが、一方で**教師なし学習**と呼ばれる機械学習の手法では、目的変数を設定せずに、教師データのみから有効な知見を発見することが目的となります。

この章では、教師なし学習の一例として、ニューラルネットワークを使用した多様体学習と、時系列データを扱うための手法について紹介します。

この章で扱う課題

この章でもカリフォルニア大学アーバイン校(UCI)が公開している**UCI Machine Learning Repository**のデータセットを引き続き利用します。

この章では、UCI Machine Learning Repositoryのうち、「**GPS Trajectories**」というデータセットを分析します。「GPS Trajectories」は、モバイルアプリによるGPS位置情報のトラッキングデータで、GPSの座標情報のログと、アプリに入力された移動経路に関するデータのセットとなっています。

アプリに入力されるデータは、その移動経路が自家用車によるものかバスによるものかや、移動の際の快適度の評価、バスの混雑度合いなどが含まれています。

GPSの座標情報のログは、前章と同じく時系列データですが、日ごとや時間ごとのデータとは異なり、それぞれ異なるタイムスタンプが付いたログデータで、座標情報の取得間隔は一定ではありません。

◆データから得られる知見を考える

「GPS Trajectories」は2つのデータファイルから成り立っており、1つ目のファイルには実際の位置情報のトラッキングデータが、もう1つのファイルにはその経路のサマリーとユーザーによるアプリ入力のデータが含まれています。

まず、位置情報のトラッキングデータから取得可能な移動距離や平均移動速度といった値は、経路のサマリーとしてすでに「GPS Trajectories」に含まれています。

それらの値は演算によって直接的に求めることができるデータなので、機械学習の手法を用いて位置情報のトラッキングデータから算出する意味はありません。

また、アプリ入力のデータはあくまでユーザーの主観的な評価であり、たとえば、移動の快適度の評価値は渋滞があると低くなるかもしれませんが、ほかの要因に作用されている可能性もあります。

一方、「GPS Trajectories」に含まれている位置情報のトラッキングデータは、2つの異なる移動手段(自家用車とバス)から得られたものであり、データを何らかの手段で分析すれば、そのデータを生成した移動手段が分離できるものと考えられます。

そこでこの章では、位置情報のトラッキングデータから移動手段を分離することを目的とします。ただし、分析の際にはアプリ入力のデータは利用せず、あくまでGPUによる位置情報のトラッキングデータのみから、そこに含まれているであろう複数の移動手段を発見することにします。そのために教師なし学習の手法を使用し、アプリ入力のデータは分析後のモデルの評価（答え合わせ）にのみ利用します。

◆データのダウンロード

まずはUCI Machine Learning Repositoryに含まれている、「GPS Trajectories」というデータセット（https://archive.ics.uci.edu/ml/datasets/GPS+Trajectories）を開きます。

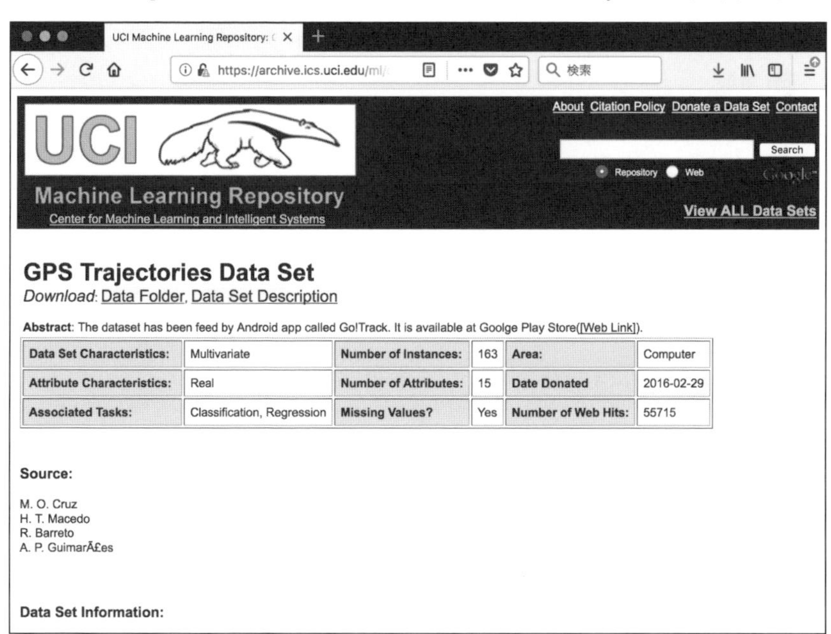

上記の画面が表示されたら、「Data Folder」をクリックしてダウンロードできるファイルを表示します。

すると次のように、「`GPS Trajectory.rar`」という名前のファイルがあるので、ファイルをダウンロードして解凍します。

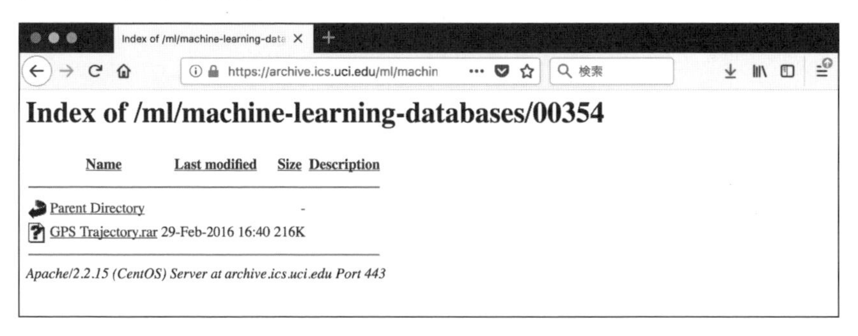

すると次のように、「go_track_tracks.csv」「go_track_trackspoints.csv」という2つのファイルが作成されます。

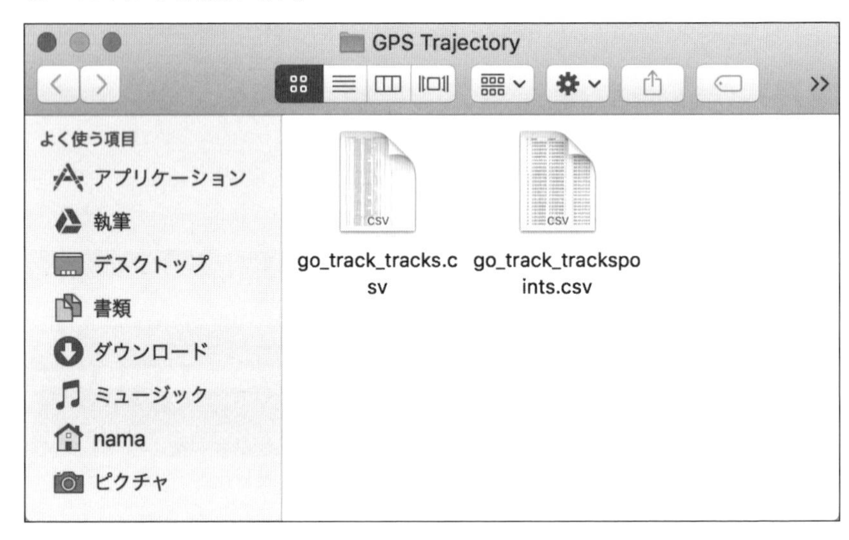

デー夕の確認

ファイルを解凍したら、まずは簡単にデータを確認します。

◆経路データの確認

まずは、GPSの座標情報のトラッキングデータが含まれている「go_track_trackspoints.csv」ファイルの中身を確認します。次のようにPythonのプロンプトから、ファイルの内容を表示します。

```
$ python3
>>> import pandas as pd
>>> df = pd.read_csv('go_track_trackspoints.csv')
>>> df
          id   latitude  longitude  track_id                 time
0          1 -10.939341 -37.062742         1  2014-09-13 07:24:32
1          2 -10.939341 -37.062742         1  2014-09-13 07:24:37
2          3 -10.939324 -37.062765         1  2014-09-13 07:24:42
・・・(略)
18104  19567 -10.923715 -37.106688     38092  2016-01-19 13:01:24
18105  19568 -10.923715 -37.106688     38092  2016-01-19 13:01:36
18106  19569 -10.923716 -37.106688     38092  2016-01-19 13:01:47

[18107 rows x 5 columns]
```

「go_track_trackspoints.csv」には、複数の移動経路のデータがまとめて含まれています。「track_id」という列名に、移動経路のIDが含まれており、同一の「track_id」を持つデータが、1回の移動による位置情報のトラッキングデータとなります。

まずはすべてのデータを「track_id」ごとにグルーピングし、個数をカウントします。

```
>>> df.groupby('track_id').apply(len).describe()
count    163.000000
mean     111.085890
std      120.342331
min        1.000000
25%       10.500000
50%       83.000000
75%      161.500000
max      646.000000
dtype: float64
```

上記のように、全体の移動経路数は163個、一度の移動で取得された位置情報の平均数は111個、中央値は83個となります。

```
>>> df.groupby('track_id').apply(len).hist()
<matplotlib.axes._subplots.AxesSubplot object at 0x104709518>
>>> from matplotlib import pylab as plt
>>> plt.savefig('graph01.png')
```

また、上記のようにして移動ごとに取得された位置情報の数をヒストグラムにすると、次のようになります。

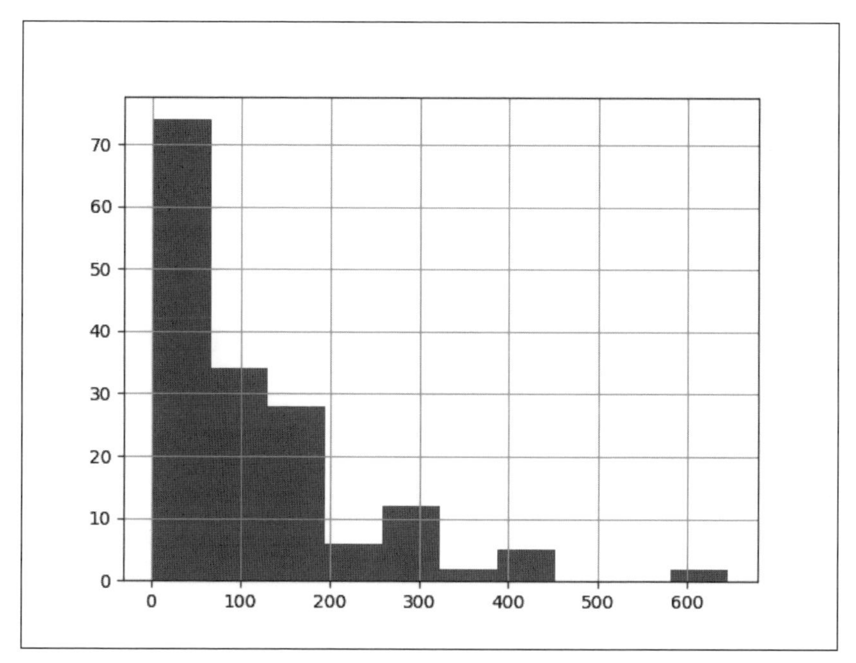

◆移動データの確認

次に、移動経路の情報が含まれている「go_track_tracks.csv」の中身を確認します。まずは、ファイルの内容を表示します。

```
>>> df_t = pd.read_csv('go_track_tracks.csv')
>>> df_t
        id  id_android      speed      time  distance  rating  rating_bus  \
0        1           0  19.210586  0.138049     2.652       3           0
1        2           0  30.848229  0.171485     5.290       3           0
2        3           1  13.560101  0.067699     0.918       3           0
・・・(略)
160  38084          25   1.153772  0.013001     0.015       1           3
161  38090          26   0.843223  0.007116     0.006       3           1
162  38092          27   1.372998  0.016752     0.023       3           1

     rating_weather  car_or_bus                        linha
0                 0           1                          NaN
1                 0           1                          NaN
2                 0           2                          NaN
・・・(略)
160               2           2  721 - CASTELO BRANCO SUISSA
161               2           2     002 - FERNANDO COLLOR DIA
162               2           2      060 - PADRE PEDRO CAMPUS

[163 rows x 10 columns]
```

全体の移動経路数は163個で、経路ごとに収集されたデータは10個あります。このうち、「id」列で識別されるIDが、先ほどの「go_track_trackspoints.csv」に含まれている「track_id」と紐付くことになります。

◉IDの紐付け

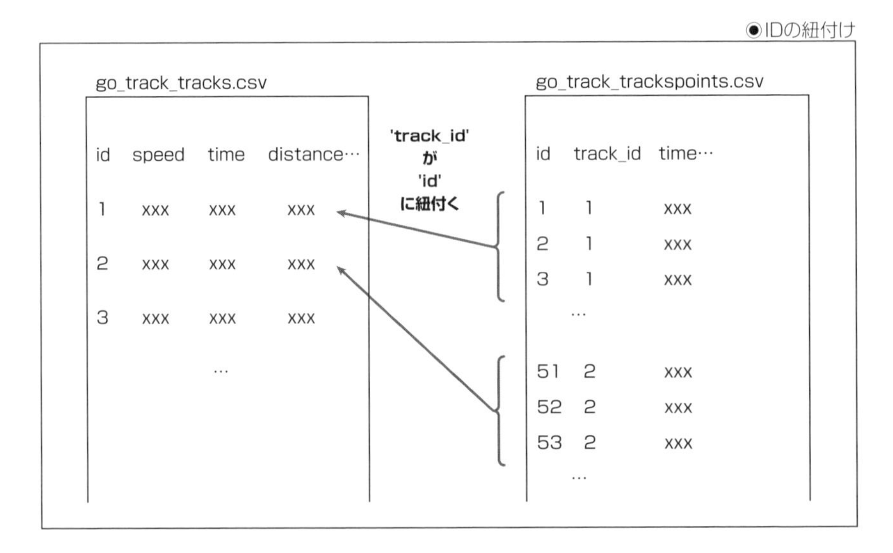

そのほかの列に含まれるデータは、使用した端末がAndroidであるか、移動の平均速度と時間、移動距離、それにユーザーの評価による移動の快適度とバスの混雑度合いおよび天気、そして、移動手段が自家用車であるかバスであるかと、バスの経路に関する情報となります。

ここでは簡単に、移動の速度・時間・距離と、移動手段との相関係数をとってみます。

```
>>> df_t[['speed','time','distance','car_or_bus']].corr()
               speed      time  distance  car_or_bus
speed       1.000000  0.190531  0.594457   -0.257872
time        0.190531  1.000000  0.661371   -0.084028
distance    0.594457  0.661371  1.000000   -0.167561
car_or_bus -0.257872 -0.084028 -0.167561    1.000000
```

結果は、移動速度に対してやや負の相関が認められる程度の値となりました。

SECTION-011

教師なし学習を行う

この章では、ニューラルネットワークに対する教師なし学習の手法を紹介します。

「GPS Trajectories」データセットには、「go_track_trackspoints.csv」と「go_track_tracks.csv」の2つデータファイルが含まれていますが、ここでは、このうち、「go_track_trackspoints.csv」に含まれている位置情報のトラッキングデータのみを利用し、教師なし学習を行います。

時系列データをベクトル化する

「go_track_trackspoints.csv」に含まれている位置情報のトラッキングデータは、時系列データであり、しかも1つの移動経路に含まれている位置情報の数もまちまちです。

このような場合に使用できる機械学習の手法にはいくつかの種類があるのですが、この章では、データの個数が多く出現パターンが重要ではない場合に有効な手法である、ベクトルデータをクラスタリングする手法を利用します。

◆データのクラスタリング

クラスタリングとは機械学習の手法の1つで、ベクトルデータの集合から、それぞれのデータの分布をもとに、データが所属するかたまり(クラスタ)を発見する手法です。

●データのクラスタリング

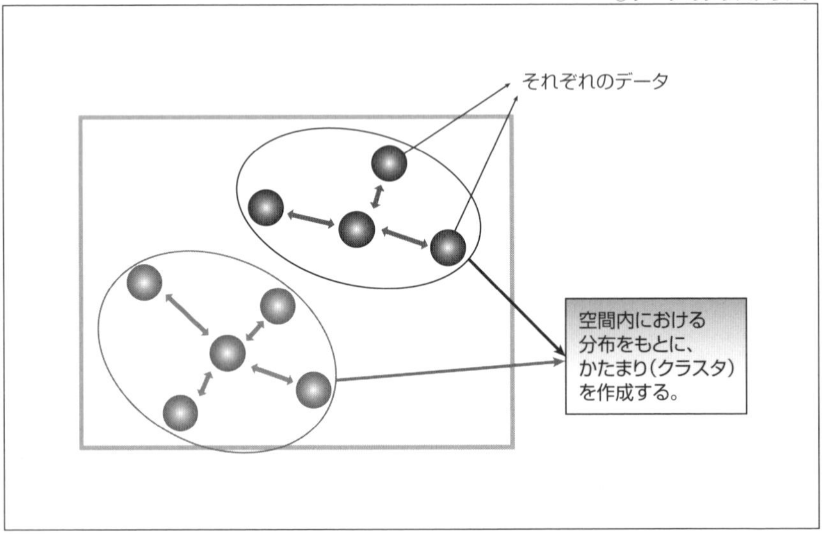

一般的に複数の数値からなるデータは、それぞれの数値をベクトルの成分として扱う多次元のベクトルデータとして扱うことができるので、それぞれのデータを多次元空間にマッピングし、クラスタリングすることで、多数のデータからなるデータセットを、いくつかの似たような成分を持つベクトルの集合へと変換することができます。

◆ 次元の呪いと多様体学習

クラスタリングの手法は、もととなるデータに含まれている数値の数が多いとうまく動作することができません。なぜなら、適切なクラスタを生成するためにはベクトル間の距離が重要になりますが、データの次元数が高次元になると球面集中現象という現象により、ベクトル間の距離の差が消失してしまうからです。

この問題は、「**次元の呪い**」と呼ばれ、データ分析においては常に意識しなければならないやっかいな問題です。

多様体学習とは、そのようなときに利用される教師なし学習の手法で、データの持つ情報を保存したままデータの次元数を操作する手法です。クラスタリングの前段階として利用される多様体学習では、普通は次元削減や次元縮退という、データの次元数を少なくするような学習を行います。

◉ 多様体学習

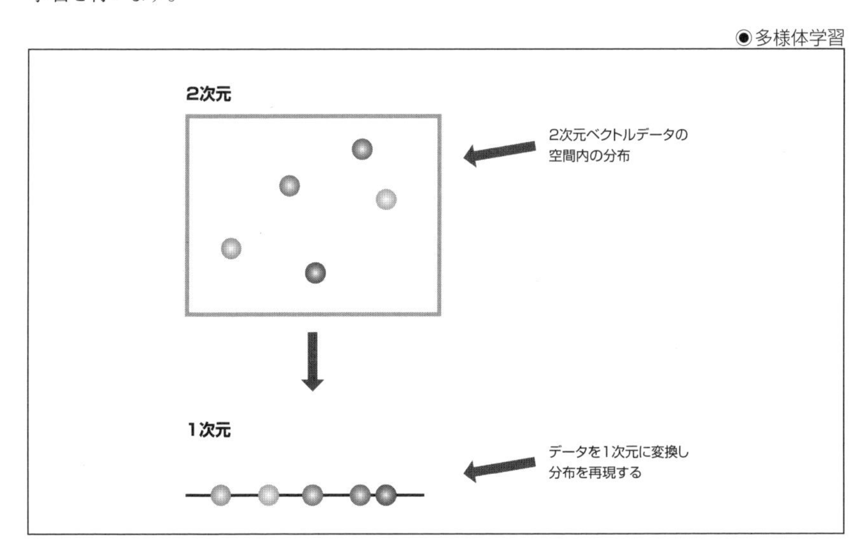

◆ 移動経路の特徴量をベクトルデータにする

クラスタリングや多様体学習といった教師なし学習の手法は、すべて学習するデータの次元数が同一であることを前提に作成されています。しかし、この章で扱う位置情報のトラッキングデータでは、1つの移動経路内に含まれる位置情報の数はまちまちです。

そこで、クラスタリングの手法とベクトル演算を組み合わせることで、移動経路内に含まれている情報を保存したまま、それぞれの移動経路の特徴を表す、固定長のベクトルデータを作成することにします。

ここでは、1つの移動経路内に含まれるデータを、それぞれのクラスタごとに合成し、最後にすべてを1つのベクトルとして扱うことで、移動経路内に含まれる複数のデータを、データの個数にかかわらず固定長のベクトルへと変換します。

ここでは合成の手法として、単純にベクトルデータを加算していく方法を用います。

◉特徴量を表すベクトルを作成

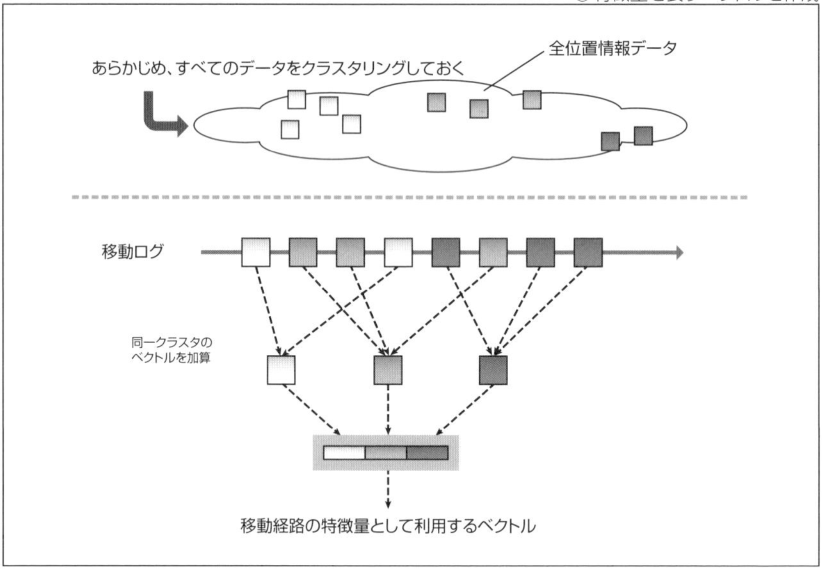

この手法は、Sparse Composite Document Vectors（https://dheeraj7596.github.io/SDV/、https://arxiv.org/pdf/1612.06778.pdf）という自然言語解析の手法でも利用されており、同じような成分を持つベクトル同士を合成し、もとのデータの次元数×クラスタの数となる次元数のベクトルデータを生成するものです。

このベクトルデータは、もととなった移動経路に含まれている位置情報データから作成されるので、もととなった移動経路の特徴量を表すデータとして扱うことができます。

しかし、この手法で作成されるベクトルデータは、もとのデータを表現する数値の数×クラスタの数分の次元が含まれているため、次元数がかなり多くなってしまいます。

この章ではこのようにして作成したベクトルデータを、さらにニューラルネットワークによる多様体学習を用いて次元削減し、最終的にクラスタリングによって目的である移動手段を分離できるようにします。

データの用意

以上でこの章で行う教師なし学習について、大まかな説明を行いました。それでは実際にプログラムを作成し、位置情報のトラッキングデータを分析するニューラルネットワークを作成します。

◆データの読み込み

まずは、「go_track_trackspoints.csv」のデータを読み込んで、移動経路ごとの位置情報を取得します。「chapt04-1.py」というファイルを作成し、次のコードを保存してください。

SOURCE CODE ｜ chapt04-1.pyのコード

```
# -*- coding: utf-8 -*-
import pandas as pd
import numpy as np

# データを読み込む
df = pd.read_csv('go_track_trackspoints.csv')
# 移動経路毎にグルーピングする
gf = df.groupby('track_id').groups
```

◆移動量のデータにする

「go_track_trackspoints.csv」に含まれている位置情報のデータは、GPSから取得した緯度経度の座標と時刻のデータです。このままでは特定の地域と日時に依存したデータになってしまうので、これを、1つ前の位置情報との差分からなるデータに変換します。

差分データは、1つ前の位置情報との距離および方位角、逆方向から見た方位角、経過秒数からなる4次元データとなります。

緯度経度の座標で表される2地点の距離と方位角を求める計算式は、地球が回転楕円体であるため少々複雑なものになります。幸い、Pythonには「pyproj」ライブラリ内に「Geod」というクラスが用意されており、2つの緯度経度から距離と方位角を計算してくれます。「Geod」に指定する測地系は、もとのデータがGPSから取得した緯度経度なのでWGS84測地系を用います。

また、方位角のデータは1つ前との差を取り、「どのくらい曲がったか」を角度のデータにします。また、差分データの距離は、経過秒数で割ることで速度とします。

そして、角度のデータ2つと速度、経過秒数からなる4次元ベクトルを、学習用データとしてリストに格納します。

そのためのコードは、次のようになります。

SOURCE CODE ｜ chapt04-1.pyのコード

```
import datetime
from pyproj import Geod

# GPS測地系
geo = Geod(ellps='WGS84')

# 全移動データを前地点との差分のベクトルにする
```

```
all_data = []
track_data = []
for trcid, indexs in gf.items():
  # 移動のIDとデータの位置と長さ
  track_data.append((trcid, len(all_data), len(indexs)-1))
  bef_azimuth = 0
  bef_azimuth_b = 0
  # 1つ前の座標との差にする
  for i in range(1, len(indexs)):
    bef = df.iloc[indexs[i-1]]
    cur = df.iloc[indexs[i]]
    # 距離、方位角、経過時間
    result1 = geo.inv(bef.longitude, bef.latitude, cur.longitude, cur.latitude)
    azimuth = np.pi * result1[0] / 180 # 方位角
    azimuth_b = np.pi * result1[1] / 180 # 方位角
    distance = result1[2] # 距離
    # 時間
    t1 = datetime.datetime.strptime(bef.time, '%Y-%m-%d %H:%M:%S')
    t2 = datetime.datetime.strptime(cur.time, '%Y-%m-%d %H:%M:%S')
    delta = (t2-t1).total_seconds() # 時間差の秒数
    speed = distance / delta if delta!=0 else 0
    # 結果を追加
    data = [azimuth-bef_azimuth, azimuth_b-bef_azimuth_b, speed, delta]
    bef_azimuth = azimuth
    bef_azimuth_b = azimuth_b
    all_data.append(data)
```


◆クラスタリングする

その後、クラスタリングを行い、全データを分類します。ここではクラスタリングのアルゴリズムは、「scikit-learn」ライブラリに用意されている「Mini Batch KMeans」法を用い、クラスタの数として30個を指定しました。

SOURCE CODE | chapt04-1.pyのコード

```
from sklearn import cluster

# クラスタリングする
n_clusters = 30
kmean = cluster.MiniBatchKMeans(n_clusters=n_clusters)
clusters = kmean.fit_predict(all_data)
```

上記のコードが実行された後、変数の「clusters」には、すべてのデータに対してそのデータが属しているクラスタのインデックスが保存されます。

◆ベクトルデータ化する

次に、すべての移動経路に対して特徴量を表すベクトルを作成します。それには次のように、移動経路内に存在するすべての位置情報について、その属するクラスタに対応する位置へと、ベクトルデータを加算していきます。

SOURCE CODE || chapt04-1.pyのコード

```
# 移動経路ごとにベクトル化する
X = []
I = []
for trcid, index, length in track_data:
  # ベクトルを保存するメモリを作成
  vector = np.zeros(n_clusters*4)
  # 移動経路内のすべての位置情報に対して
  for i in range(length):
    # クラスタのインデックス×元データの次元数
    cur_pos = clusters[index+i] * 4
    # 該当の場所にベクトルデータを加算
    vector[cur_pos:cur_pos+4] += all_data[index+i]
  # ベクトルとそのインデックス
  X.append(vector)
  I.append(trcid)
```

上記のコードが実行された後、変数の「X」にはすべての移動経路の特徴量を表すベクトルデータが、「I」にはそのデータに対応する移動経路のインデックスが保存されます。

◆データを標準化する

データの標準化とは、データの平均値が0で、分散が1の標準正規となるように数値データの表現範囲を変更することを呼びます。

このあとの学習に都合がいいように、特徴量を表すベクトルデータを標準化しておきます。

SOURCE CODE || chapt04-1.pyのコード

```
# データを標準化する
xmean = np.mean(X, axis=0)
xstd = np.std(X, axis=0)
X = (X - xmean) / xstd
```

また、次のように、データの形式をApache MXNetのNDArray形式にしておきます。

SOURCE CODE || chapt04-1.pyのコード

```
# Apache MXNetのデータにする
from mxnet import nd
X = nd.array(X)
```

Gluonのモデルを作成する

以上で機械学習の準備が整ったので、次はGluonのAPIを使用してニューラルネットワークのモデルを作成します。

◆ニューラルネットワークによる多様体学習

多様体学習のアルゴリズムは複数、存在しており、先ほど使用した「`scikit-learn`」ライブラリにもAPIが存在していますが、ここではニューラルネットワークによる多様体学習の手法を紹介します。

ニューラルネットワークを使用した多様体学習では、オートエンコーダーという種類のニューラルネットワークが使用されます。これは、順伝播型ニューラルネットワークに対して、入力と出力が同一の値になるような学習を行うタイプの学習を呼びます。

このとき、中間層のニューロン数が入出力の次元数より大きければ、単純に入力データをそのまま出力するだけのニューラルネットワークになりますが、中間層のニューロン数を少なく設定することで、少ない次元数のデータに入力データが押し込まれるような学習が行われます。そして、学習後にはその中間層が次元削減されたデータを出力する出力層となります。

◉オートエンコーダー

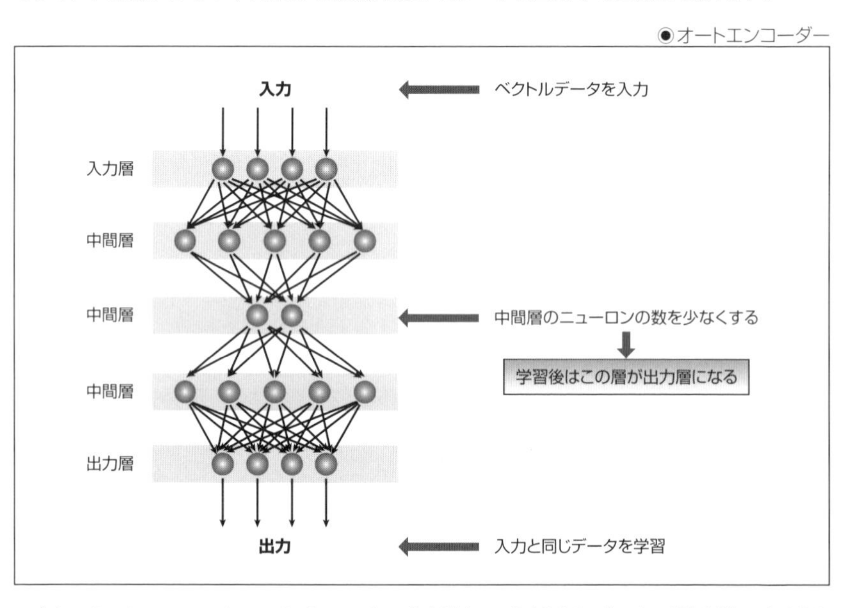

また、オートエンコーダーでは、ドロップアウトを適切に使用すれば、次元数を増やすような学習も可能になります。

◆ Stacked Autoencoders

Stacked Autoencodersとは、オートエンコーダーに対する学習手法のことで、この学習手法では、入力側と出力側とがちょうど対象形をしているニューラルネットワークを扱います。

◉ペアとなる階層を取り出す

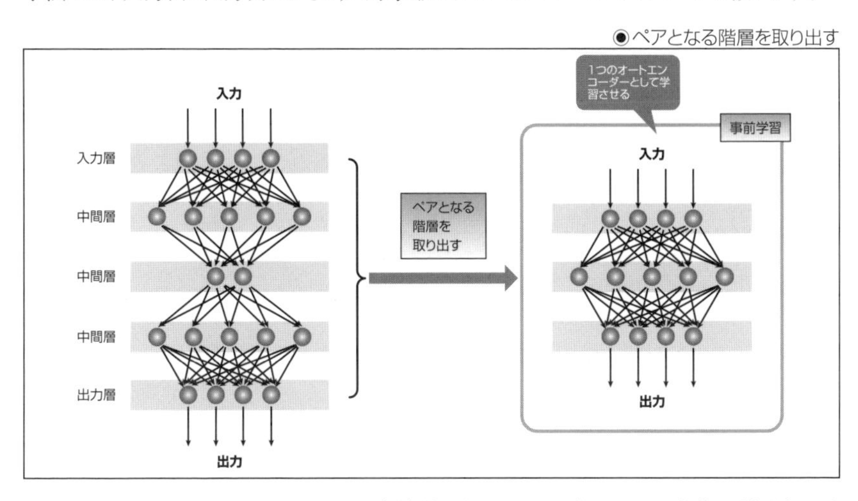

Stacked Autoencodersの学習は、事前学習とニューラルネットワーク全体の学習とに分かれています。事前学習では入力と出力の両側からペアとなる階層を取り出し、そのペアのみで動作する1つのオートエンコーダーとして、入力データと出力データが同じになるように学習を行います。

◉Stacked Autoencodersの事前学習

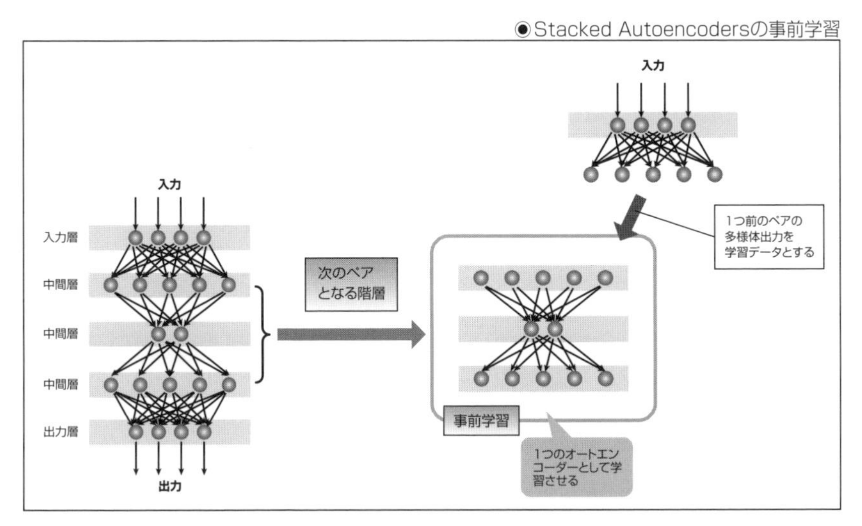

入力層と出力層以外の2階層目以降は、1つ前に事前学習した階層の出力を、学習データとして使用することで、すべての階層に対して事前学習を行います。

そして最終的にニューラルネットワーク全体をオートエンコーダーとして学習させることで、深い階層のオートエンコーダーを学習できるようになっています。

◆モデルを定義する

それでは実際に多様体学習を行うニューラルネットワークを定義します。

まずは、「chapt04model.py」というファイルを作成し、次のクラスを作成します。

SOURCE CODE | chapt04model.pyのコード

```
 -*- coding: utf-8 -*-
from mxnet import nd
from mxnet import ndarray as F
from mxnet.gluon import Block, nn
from mxnet.initializer import Uniform

class Model(Block):
  def __init__(self, num_dim, **kwargs):
    super(Model, self).__init__(**kwargs)

  def onelayer(self, x, layer):

  def oneforward(self, x, layer):

  def manifold(self, x):

  def forward(self, x):
```

このクラスに含まれるニューラルネットワークの層はすべて全結合層ですが、多様体学習のために中間の層に含まれるニューロンの数を少なく設定します。

ここでは、ニューラルネットワークの前半はニューロン数を100→20→2と減らし、後半はその逆順で増やします。

ここでは、前半をencoder、後半をdecoderとして、encoder1→encoder2→encoder3→decoder3→decoder2→decoder1と順に伝播するようにしました。また、ペアとなる階層をタプルとして、「self.layers」変数に保存しておきます。

さらに、Dense層の重みデータの初期値として、encoder3/decoder3とそれ以外とで乱数の分布を変えています。これは、ニューロンの数が少ないため、学習の進む速度を調整しているためです。

SOURCE CODE | chapt04model.pyのコード

```
def __init__(self, num_dim, **kwargs):
  super(Model, self).__init__(**kwargs)
  wi1 = Uniform(0.25)
  wi2 = Uniform(0.1)
  with self.name_scope():
    self.encoder1 = nn.Dense(100, in_units=num_dim, weight_initializer=wi1)
    self.encoder2 = nn.Dense(20, in_units=100, weight_initializer=wi1)
    self.encoder3 = nn.Dense(2, in_units=20, weight_initializer=wi2)
    self.decoder3 = nn.Dense(20, in_units=2, weight_initializer=wi2)
```

▼

```
    self.decoder2 = nn.Dense(100, in_units=20, weight_initializer=wi1)
    self.decoder1 = nn.Dense(num_dim, in_units=100, weight_initializer=wi1)
  self.layers = [(self.encoder1,self.decoder1),
        (self.encoder2,self.decoder2),
        (self.encoder3,self.decoder3)]
```

ここでは前章と異なり、Dense層の定義にin_unitsとして入力データの個数を指定していますが、これは、Stacked Autoencodersの事前学習ではすべての層を一度に学習させるわけではないので、出力データの個数だけではなく入力データの個数もクラスの定義時に指定しなければ、ニューラルネットワーク内に含まれるニューロンの数を求められないためです。

◆順伝播

次にニューラルネットワークの順伝播を行うコードを作成します。順伝播を行うコードは、CHAPTER 02と同じようにクラス内の「`forward`」関数に作成します。これは次のように、作成した層をすべてつなげてデータを伝播させるだけです。ここでは活性化関数として「`tanh`」を使用しています。

SOURCE CODE | chapt04model.pyのコード

```
def forward(self, x):
  xx = F.tanh(self.encoder1(x))
  xx = F.tanh(self.encoder2(xx))
  xx = F.tanh(self.encoder3(xx))
  xx = F.tanh(self.decoder3(xx))
  xx = F.tanh(self.decoder2(xx))
  return self.decoder1(xx)
```

上記のように、伝播の順番はencoder1→encoder2→encoder3→decoder3→decoder2→decoder1となります。

◆中間層からデータを取り出す

次に次元削減のため、ニューラルネットワークの途中からデータを取り出すコードを作成します。そのためのコードは、クラス内に「`manifold`」という名前の関数を作成して、その中に作成します。これは次のように、作成した層の前半のみデータを伝播させて、ニューロン数2のDense層の出力値を返します。

SOURCE CODE | chapt04model.pyのコード

```
def manifold(self, x):
  xx = F.tanh(self.encoder1(x))
  xx = F.tanh(self.encoder2(xx))
  return self.encoder3(xx)
```

◆Stacked Autoencodersの学習

そして、Stacked Autoencodersの学習用に、ペアとなる階層毎にオートエンコーダーとしての順伝播と、中間層からの出力を取り出す関数を作成します。これは、「onelayer」「oneforward」という関数に作成します。

SOURCE CODE | chapt04model.pyのコード

```
def onelayer(self, x, layer):
  xx = F.tanh(layer[0](x))
  return layer[1](xx)

def oneforward(self, x, layer):
  return F.tanh(layer[0](x))
```

機械学習を行う

それでは再び「chapt04-1.py」へと戻り、機械学習を行うコードを作成します。

◆モデルを作成する

まずは前章までと同じように、作成したクラスのインスタンスを作成し、CPUを使用して機械学習を行うように初期化します。

SOURCE CODE | chapt04-1.pyのコード

```
# Apache MXNetを使う準備
from mxnet import autograd
from mxnet import cpu
from mxnet.gluon import Trainer
from mxnet.gluon.loss import L2Loss

# モデルをインポートする
import chapt04model

# モデルを作成する
model = chapt04model.Model(n_clusters*4)
model.initialize(ctx=[cpu(0),cpu(1),cpu(2),cpu(3)])
```

◆学習の進展の可視化

また、学習の進展を可視化するために、学習の途中でその時点のニューラルネットワークの出力を散布図として保存するようにします。学習のコードを作成する前に、そのための関数を作成しておきます。

SOURCE CODE | chapt04-1.pyのコード

```
# 現在の状態を散布図にする
n_graph = 0
def make_scatter():
  global n_graph
  n_graph = n_graph + 1
```

```
manifold = model.manifold(X).asnumpy()
df_plot = pd.DataFrame({'x': manifold[:,0],'y': manifold[:,1]})
df_plot.plot(kind='scatter', x='x', y='y')
plt.savefig('scatter%d.png'%n_graph)
plt.close()
```

◆利用する損失関数

利用する機械学習アルゴリズムは、前章までと同様にAdamを利用します。また、多様体学習では入力データと出力データが同じになるように学習させるため、損失関数はCHAPTER 03と同じく「`L2Loss`」を使用します。

SOURCE CODE || chapt04-1.pyのコード

```
# 学習アルゴリズムを設定する
trainer = Trainer(model.collect_params(),'adam')
loss_func = L2Loss()
```

◆事前学習

そして、Stacked Autoencodersの事前学習を行います。事前学習では、階層のペアを1つひとつ別のオートエンコーダーとして学習するので、学習の都度、学習アルゴリズムの学習率をリセットします。ここでは学習率の値をデフォルトから変更して「`0.002`」にしてあります。

機械学習を実行するためのコードは前章までとほぼ同じですが、教師なし学習なので正解データとなる「`label`」変数が存在せず、代わりに入力データと出力データが同じになるように学習させるため、損失関数である「`loss_func`」の第二引数が、ニューラルネットワークへの入力と同じ「`data`」になっています。

SOURCE CODE || chapt04-1.pyのコード

```
# 機械学習を開始する
print('start pretraining...')
batch_size = 15
epochs = 100
loss_n = [] # ログ表示用の損失の値

buffer = X
for layer in model.layers:
  trainer.set_learning_rate(0.002)
  for epoch in range(1, epochs + 1):
    # ランダムに並べ替えたインデックスを作成
    indexs = np.random.permutation(buffer.shape[0])
    cur_start = 0
    while cur_start < buffer.shape[0]:
      # ランダムなインデックスから、バッチサイズ分のウィンドウを選択
      cur_end = (cur_start + batch_size) if (cur_start + batch_size) < \
                    buffer.shape[0] else buffer.shape[0]
      data = buffer[indexs[cur_start:cur_end]]
      # ニューラルネットワークを順伝播
```

```
        with autograd.record():
          output = model.onelayer(data, layer)
          # 損失の値を求める
          loss = loss_func(output, data)
          # ログ表示用に損失の値を保存
          loss_n.append(np.mean(loss.asnumpy()))
        # 損失の値から逆伝播する
        loss.backward()
        # 学習ステータスをバッチサイズ分進める
        trainer.step(batch_size, ignore_stale_grad=True)
        cur_start = cur_end
      if epoch % 10 == 0:
        # ログを表示
        ll = np.mean(loss_n)
        print('%d epoch loss=%f...'%(epoch,ll))
        loss_n = []
    buffer = model.oneforward(buffer, layer)
    make_scatter()
```


上記のコードでは、ニューラルネットワークのモデルからペアとなる階層を取得し、それぞれの階層に対してループを回しています。そして、ニューラルネットワークの順伝播を行うところでは「onelayer」関数を使用してペアとなる階層のみの順伝播を行っています。

また、ペアとなる階層に入力されるデータは「buffer」変数に保持しています。「buffer」変数の最初の値は「X」に入っているベクトルデータですが、ループが周りペアとなる階層が次に進むごとに、事前学習済みの階層の出力を代入します。

◆機械学習を実行する

事前学習が終わったあとは、ニューラルネットワーク全体を学習させます。そのためのコードは先ほどとほぼ同じですが、10エポックごとに途中経過をグラフにして保存し、学習の進展を可視化します。

SOURCE CODE | chapt04-1.pyのコード

```
print('start training...')
trainer.set_learning_rate(0.002)
for epoch in range(1, epochs + 1):
  # ランダムに並べ替えたインデックスを作成
  indexs = np.random.permutation(X.shape[0])
  cur_start = 0
  while cur_start < X.shape[0]:
    # ランダムなインデックスから、バッチサイズ分のウィンドウを選択
    cur_end = (cur_start + batch_size) if (cur_start + batch_size) < X.shape[0] else X.shape[0]
    data = X[indexs[cur_start:cur_end]]
    # ニューラルネットワークを順伝播
    with autograd.record():
      output = model(data)
```

```
        # 損失の値を求める
        loss = loss_func(output, data)
        # ログ表示用に損失の値を保存
        loss_n.append(np.mean(loss.asnumpy()))
      # 損失の値から逆伝播する
      loss.backward()
      # 学習ステータスをバッチサイズ分進める
      trainer.step(batch_size, ignore_stale_grad=True)
      cur_start = cur_end
    if epoch % 10 == 0:
      # ログを表示
      ll = np.mean(loss_n)
      print('%d epoch loss=%f...'%(epoch,ll))
      loss_n = []
      make_scatter()
```

◆結果を保存する

最後に、学習の結果を保存するようにして、機械学習を行うプログラムは完成です。

ここでは次のように、ニューラルネットワークのモデルとなるクラスに作成した「manifold」関数に入力データをすべて入力し、出力されたデータと、入力データに対する移動経路のインデックスをcsvファイルにして保存します。

SOURCE CODE ‖ chapt04-1.pyのコード

```
# 結果を保存する
manifold = model.manifold(X).asnumpy()
df_result = pd.DataFrame({'id':I, 'x': manifold[:,0],'y': manifold[:,1]})
df_result.to_csv('result.csv', index=False)
```

◆最終的なコード

以上の内容をすべてつなげると、機械学習を行うコードは次のようになります。

SOURCE CODE ‖ chapt04-1.pyのコード

```
# -*- coding: utf-8 -*-
import pandas as pd
import numpy as np

# データを読み込む
df = pd.read_csv('go_track_trackspoints.csv')
# 移動経路ごとにグルーピングする
gf = df.groupby('track_id').groups

import datetime
from pyproj import Geod

# GPS測地系
geo = Geod(ellps='WGS84')
```

```
# 全移動データを前地点との差分のベクトルにする
all_data = []
track_data = []
for trcid, indexs in gf.items():
  # 移動のIDとデータの位置と長さ
  track_data.append((trcid, len(all_data), len(indexs)-1))
  bef_azimuth = 0
  bef_azimuth_b = 0
  # 1つ前の座標との差にする
  for i in range(1, len(indexs)):
    bef = df.iloc[indexs[i-1]]
    cur = df.iloc[indexs[i]]
    # 距離、方位角、経過時間
    result1 = geo.inv(bef.longitude, bef.latitude, cur.longitude, cur.latitude)
    azimuth = np.pi * result1[0] / 180 # 方位角
    azimuth_b = np.pi * result1[1] / 180 # 方位角
    distance = result1[2] # 距離
    # 時間
    t1 = datetime.datetime.strptime(bef.time, '%Y-%m-%d %H:%M:%S')
    t2 = datetime.datetime.strptime(cur.time, '%Y-%m-%d %H:%M:%S')
    delta = (t2-t1).total_seconds() # 時間差の秒数
    speed = distance / delta if delta!=0 else 0
    # 結果を追加
    data = [azimuth-bef_azimuth, azimuth_b-bef_azimuth_b, speed, delta]
    bef_azimuth = azimuth
    bef_azimuth_b = azimuth_b
    all_data.append(data)

from sklearn import cluster

# クラスタリングする
n_clusters = 30
kmean = cluster.MiniBatchKMeans(n_clusters=n_clusters)
clusters = kmean.fit_predict(all_data)

# 移動経路ごとにベクトル化する
X = []
I = []
for trcid, index, length in track_data:
  # ベクトルを保存するメモリを作成
  vector = np.zeros(n_clusters*4)
  # 移動経路内のすべての位置情報に対して
  for i in range(length):
    # クラスタのインデックス×元データの次元数
    cur_pos = clusters[index+i] * 4
    # 該当の場所にベクトルデータを加算
```

```
    vector[cur_pos:cur_pos+4] += all_data[index+i]
  # ベクトルとそのインデックス
  X.append(vector)
  I.append(trcid)

# データを標準化する
xmean = np.mean(X, axis=0)
xstd = np.std(X, axis=0)
X = (X - xmean) / xstd

# Apache MXNetのデータにする
from mxnet import nd
X = nd.array(X)

# Apache MXNetを使う準備
from mxnet import autograd
from mxnet import cpu
from mxnet.gluon import Trainer
from mxnet.gluon.loss import L2Loss

# モデルをインポートする
import chapt04model

# モデルを作成する
model = chapt04model.Model(n_clusters*4)
model.initialize(ctx=[cpu(0),cpu(1),cpu(2),cpu(3)])

# 学習アルゴリズムを設定する
trainer = Trainer(model.collect_params(),'adam')
loss_func = L2Loss()

from matplotlib import pylab as plt

# 現在の状態を散布図にする
n_graph = 0
def make_scatter():
  global n_graph
  n_graph = n_graph + 1
  manifold = model.manifold(X).asnumpy()
  df_plot = pd.DataFrame({'x': manifold[:,0],'y': manifold[:,1]})
  df_plot.plot(kind='scatter', x='x', y='y')
  plt.savefig('scatter%d.png'%n_graph)
  plt.close()

# 機械学習を開始する
print('start pretraining...')
batch_size = 15
```

```
epochs = 100
loss_n = [] # ログ表示用の損失の値

buffer = X
for layer in model.layers:
  trainer.set_learning_rate(0.002)
  for epoch in range(1, epochs + 1):
    # ランダムに並べ替えたインデックスを作成
    indexs = np.random.permutation(buffer.shape[0])
    cur_start = 0
    while cur_start < buffer.shape[0]:
      # ランダムなインデックスから、バッチサイズ分のウィンドウを選択
      cur_end = (cur_start + batch_size) if (cur_start + batch_size) < \
                    buffer.shape[0] else buffer.shape[0]
      data = buffer[indexs[cur_start:cur_end]]
      # ニューラルネットワークを順伝播
      with autograd.record():
        output = model.onelayer(data, layer)
        # 損失の値を求める
        loss = loss_func(output, data)
        # ログ表示用に損失の値を保存
        loss_n.append(np.mean(loss.asnumpy()))
      # 損失の値から逆伝播する
      loss.backward()
      # 学習ステータスをバッチサイズ分進める
      trainer.step(batch_size, ignore_stale_grad=True)
      cur_start = cur_end
    if epoch % 10 == 0:
      # ログを表示
      ll = np.mean(loss_n)
      print('%d epoch loss=%f...'%(epoch,ll))
      loss_n = []
  buffer = model.oneforward(buffer, layer)
  make_scatter()

print('start training...')
trainer.set_learning_rate(0.002)
for epoch in range(1, epochs + 1):
  # ランダムに並べ替えたインデックスを作成
  indexs = np.random.permutation(X.shape[0])
  cur_start = 0
  while cur_start < X.shape[0]:
    # ランダムなインデックスから、バッチサイズ分のウィンドウを選択
    cur_end = (cur_start + batch_size) if (cur_start + batch_size) < X.shape[0] else X.shape[0]
    data = X[indexs[cur_start:cur_end]]
    # ニューラルネットワークを順伝播
    with autograd.record():
```

```
        output = model(data)
        # 損失の値を求める
        loss = loss_func(output, data)
        # ログ表示用に損失の値を保存
        loss_n.append(np.mean(loss.asnumpy()))
      # 損失の値から逆伝播する
      loss.backward()
      # 学習ステータスをバッチサイズ分進める
      trainer.step(batch_size, ignore_stale_grad=True)
      cur_start = cur_end
    if epoch % 10 == 0:
      # ログを表示
      ll = np.mean(loss_n)
      print('%d epoch loss=%f...'%(epoch,ll))
      loss_n = []
      make_scatter()

# 結果を保存する
manifold = model.manifold(X).asnumpy()
df_result = pd.DataFrame({'id':I, 'x': manifold[:,0],'y': manifold[:,1]})
df_result.to_csv('result.csv', index=False)
```

このプログラムを実行すると、次のように実行ログが表示され、学習が進みます。

```
$ python3 chapt04-1.py
start pretraining...
10 epoch loss=0.160734...
20 epoch loss=0.029674...
30 epoch loss=0.056570...
・・・(略)
start training...
10 epoch loss=0.306842...
20 epoch loss=0.336197...
30 epoch loss=0.600763...
・・・(略)
```

また、学習が進むごとに「scatter1.png」から「scatter13.png」までの13個の散布図が作成されます。これらのうち、最初の3個は事前学習の進み度合いで、それ以降がニューラルネットワーク全体の学習のものになります。

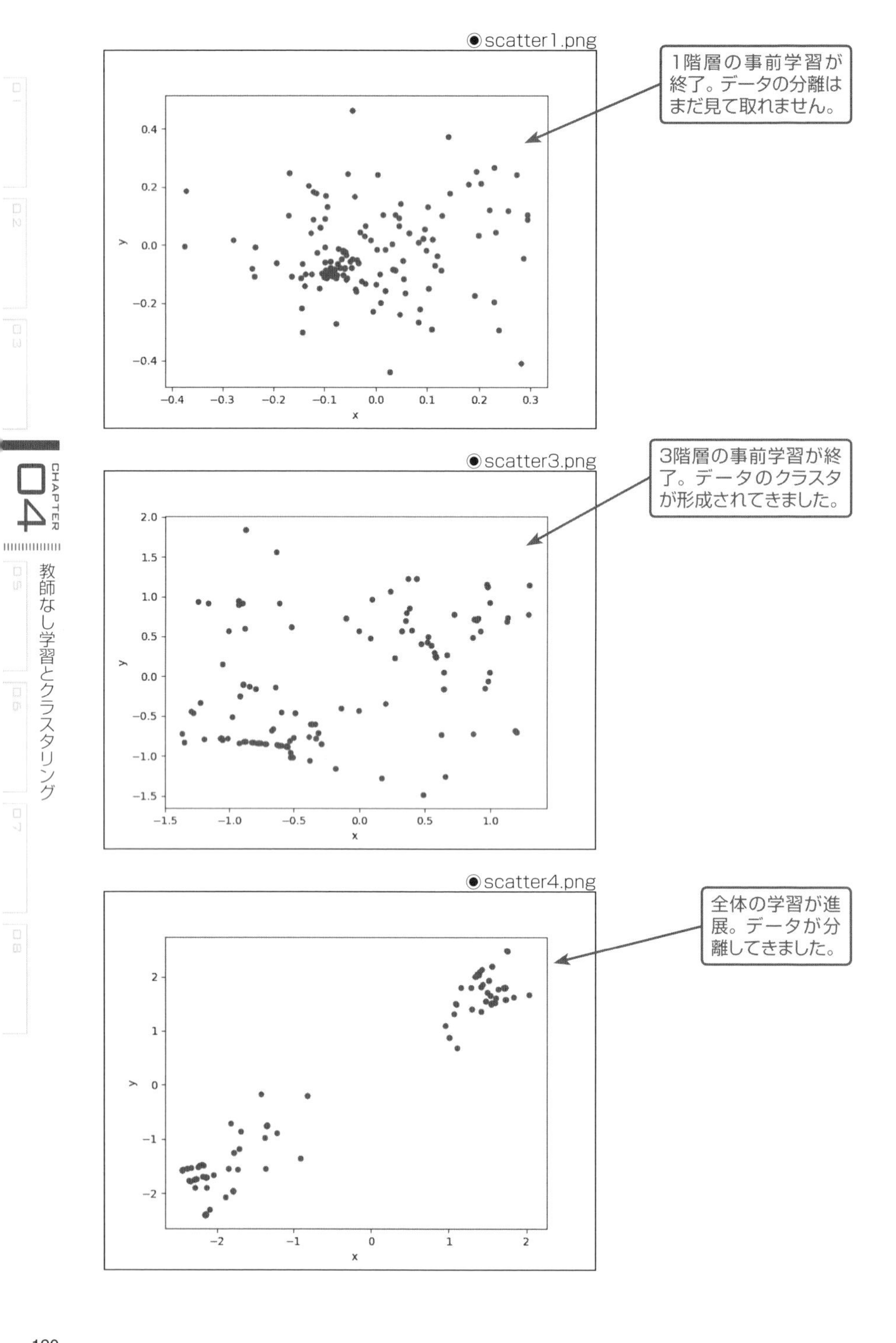

◉scatter1.png
1階層の事前学習が終了。データの分離はまだ見て取れません。
0.4
0.2
0.0
−0.2
−0.4
y
−0.4
−0.3
−0.2
−0.1
0.0
0.1
0.2
0.3
x
◉scatter3.png
3階層の事前学習が終了。データのクラスタが形成されてきました。
2.0
1.5
1.0
0.5
0.0
−0.5
−1.0
−1.5
y
−1.5
−1.0
−0.5
0.0
0.5
1.0
x
◉scatter4.png
全体の学習が進展。データが分離してきました。
2
1
0
−1
−2
y
−2
−1
0
1
2
x
CHAPTER 04
教師なし学習とクラスタリング

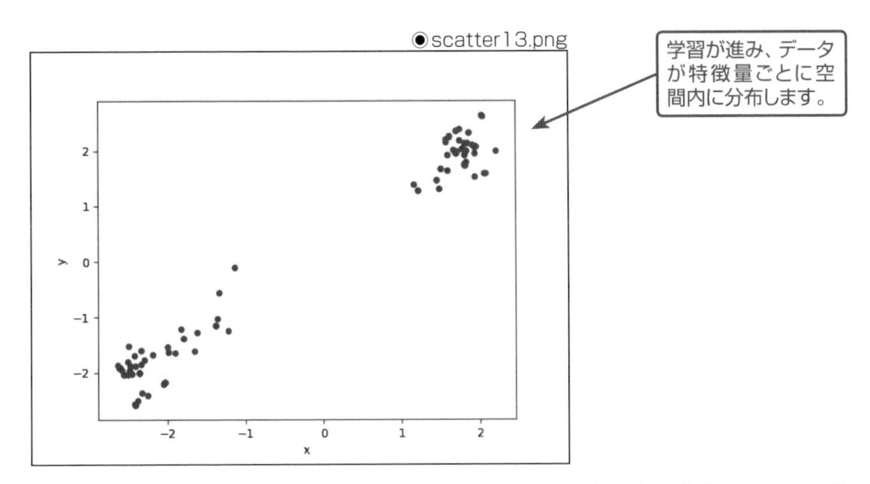

なお、散布図の形そのものは、ニューラルネットワークの初期値である乱数によるため、学習ごとに異なる形になることに注意してください。

分布の形は実行ごとに異なりますが、このあとに行うデータの分析の結果を確認することで、同じ傾向を持つデータが同一のクラスタに属するように学習されていることがわかります。

SECTION-012

分析した結果を可視化する

教師なし学習では、機械学習によって分析した結果をどのように解釈するかは人間の手に委ねられることになります。

しかし、「GPS Trajectories」には、「go_track_tracks.csv」の中に学習した位置情報のトラッキングデータに対応したデータが含まれているので、そのデータと分析結果とを突き合わせることで、分析モデルの妥当性をある程度チェックすることができます。

そこで、「go_track_tracks.csv」に含まれている、移動手段の情報と教師なし学習による分析結果とを比較し、可視化してみることにします。

分析結果の可視化

先ほどは2次元に次元削減したデータを散布図として表示しましたが、散布図内の各点は、それぞれ1つの移動経路に対応していることになります。

そこで、それぞれの点を、移動手段の情報に従って色分けすれば、分析結果と「go_track_tracks.csv」に含まれている移動手段の情報を可視化することができます。

◆データを読み込む

まずは、「chapt04-2.py」という名前のファイルを作成し、先ほどのプログラムが作成した「result.csv」と「go_track_tracks.csv」を読み込むコードを作成します。

SOURCE CODE | chapt04-2.pyのコード

```
# -*- coding: utf-8 -*-
import pandas as pd
import numpy as np
from sklearn import cluster
from matplotlib import pylab as plt

# データを読み込む
df = pd.read_csv('go_track_tracks.csv')
# 結果を読み込む
df_result = pd.read_csv('result.csv')
```

次に、次元削減したデータをクラスタリングして、2つのクラスタに分類します。

SOURCE CODE | chapt04-2.pyのコード

```
# クラスタリング
all_data = df_result[['x','y']].values
kmean = cluster.MiniBatchKMeans(n_clusters=2)
clusters = kmean.fit_predict(all_data)
```

◆色分けしてプロットする

そして、2つの散布図を作成して保存します。1つ目の散布図は、クラスタリングの結果に従って色分けをしたもので、この結果が、教師なし学習による分析の結果を表します。

SOURCE CODE | chapt04-2.pyのコード

```
# クラスタリングで色分け
df_result.plot(kind='scatter', x='x', y='y', c=clusters, colormap='gnuplot')
plt.savefig('result1.png')
plt.clf()
```

2つ目の散布図は、「go_track_tracks.csv」に含まれている移動手段の情報に従って色分けをしたもので、この結果が、実際の移動経路の差に対する、分析モデルの妥当性を表します。

SOURCE CODE | chapt04-2.pyのコード

```
# バスか自家用車かで色分け
car_bus = [int(df[df.id==i].car_or_bus)-1 for i in df_result.id.values]
df_result.plot(kind='scatter', x='x', y='y', c=car_bus, colormap='gnuplot')
plt.savefig('result2.png')
plt.clf()
```

スコアを表示する

また、散布図だけではなく、数値として分析モデルの妥当性をチェックできるように、統計的なスコアを計算します。

◆統計スコアを表示する

ここでは分析結果のデータを2つのクラスタへと分類しましたが、クラスタリングの手法は教師なし学習なので、分類されたクラスタのどちらが、実際の移動手段における自家用車およびバスとマッチングするかはわかりません。

そこで、クラスタのインデックスを反転した配列を作成し、より一致度の高い方のクラスタを採用することにします。

作成されたクラスタのインデックスは「0」と「1」の配列なので、次のようにして「1」を「0」に、「0」を「1」にした配列を作成します。

SOURCE CODE | chapt04-2.pyのコード

```
# 1と0を逆にしたクラスタ
clusters_inv = 1 - clusters
```

次に、次ページのようにしてクラスタリングの結果および反転した結果と、実際の移動手段における自家用車かバスを表す配列とのスコアを計算します。ここでは「scikit-learn」ライブラリを使用して、適合率、一致率、F1値を求めます。

SOURCE CODE chapt04-2.pyのコード

```
# バスか自家用車かとの一致度を表示する
from sklearn import metrics
score = [metrics.precision_score(car_bus, clusters),
    metrics.recall_score(car_bus, clusters),
    metrics.f1_score(car_bus, clusters)]
s_inv = [metrics.precision_score(car_bus, clusters_inv),
    metrics.recall_score(car_bus, clusters_inv),
    metrics.f1_score(car_bus, clusters_inv)]
```

そして、適合率が大きい方のクラスタを採用し、スコアを表示します。

SOURCE CODE chapt04-2.pyのコード

```
# 一致する方のクラスタを採用
if score[0] < s_inv[0]:
  score = s_inv
# スコアを表示
print('Precision score: %f'%score[0])
print('Recall score: %f'%score[1])
print('F1 score: %f'%score[2])
```

◆最終的なコード

以上の内容をすべてつなげると、「chapt04-2.py」のコードは次のようになります。

SOURCE CODE chapt04-2.pyのコード

```
# -*- coding: utf-8 -*-
import pandas as pd
import numpy as np
from sklearn import cluster
from matplotlib import pylab as plt

# データを読み込む
df = pd.read_csv('go_track_tracks.csv')
# 結果を読み込む
df_result = pd.read_csv('result.csv')

# クラスタリング
all_data = df_result[['x','y']].values
kmean = cluster.MiniBatchKMeans(n_clusters=2)
clusters = kmean.fit_predict(all_data)

# クラスタリングで色分け
df_result.plot(kind='scatter', x='x', y='y', c=clusters, colormap='gnuplot')
plt.savefig('result1.png')
plt.clf()

# バスか自家用車かで色分け
```

```
car_bus = [int(df[df.id==i].car_or_bus)-1 for i in df_result.id.values]
df_result.plot(kind='scatter', x='x', y='y', c=car_bus, colormap='gnuplot')
plt.savefig('result2.png')
plt.clf()

# 1と0を逆にしたクラスタ
clusters_inv = 1 - clusters

# バスか自家用車かとの一致度を表示する
from sklearn import metrics
score = [metrics.precision_score(car_bus, clusters),
    metrics.recall_score(car_bus, clusters),
    metrics.f1_score(car_bus, clusters)]
s_inv = [metrics.precision_score(car_bus, clusters_inv),
    metrics.recall_score(car_bus, clusters_inv),
    metrics.f1_score(car_bus, clusters_inv)]
# 一致する方のクラスタを採用
if score[0] < s_inv[0]:
  score = s_inv
# スコアを表示
print('Precision score: %f'%score[0])
print('Recall score: %f'%score[1])
print('F1 score: %f'%score[2])
```

このプログラムを実行すると、次のような2つの散布図が作成されます。

◉result1.png

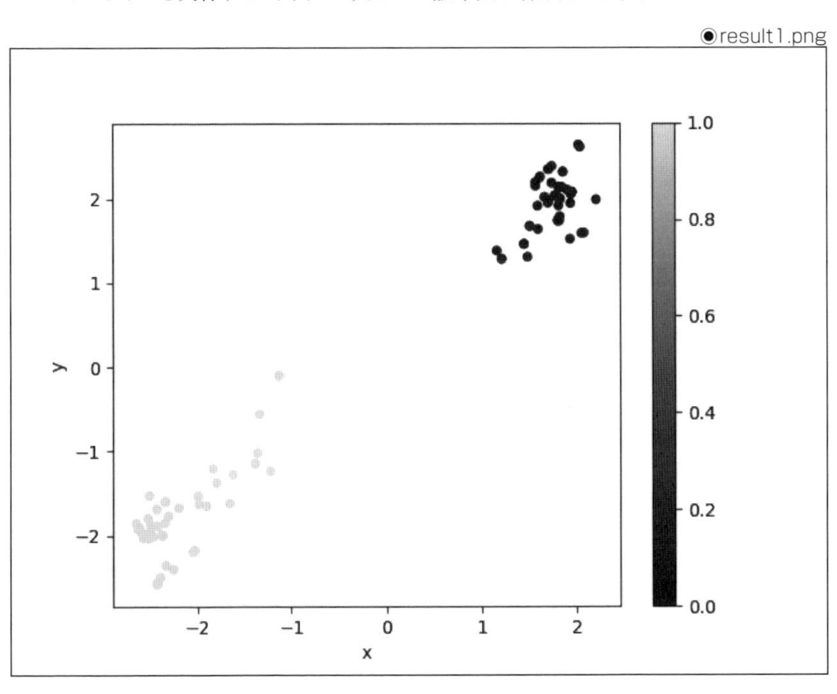

◉result2.png

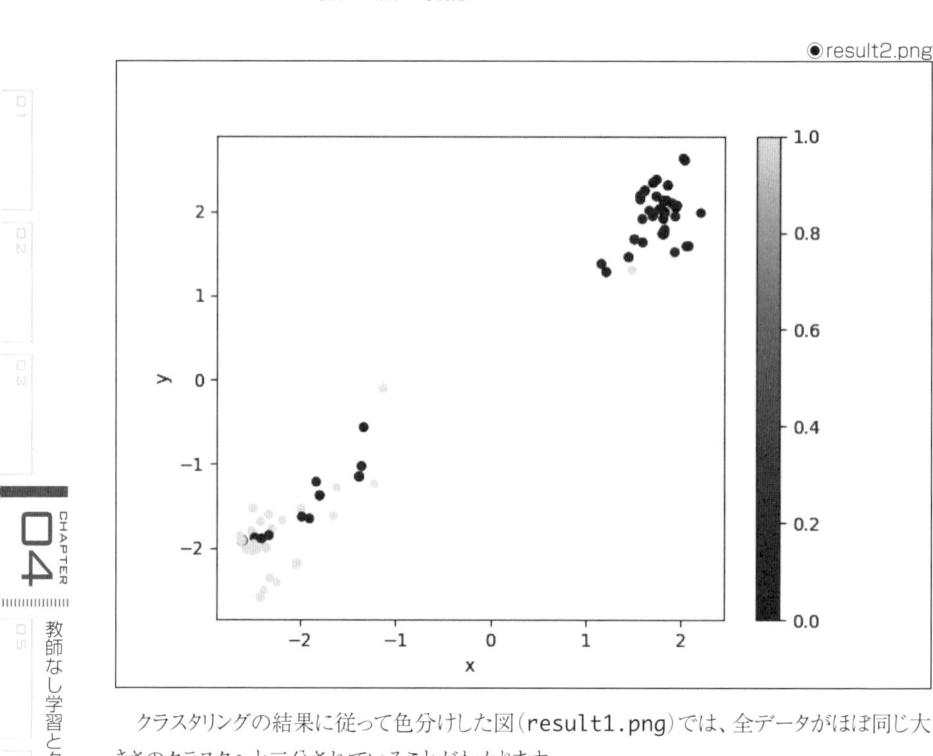

クラスタリングの結果に従って色分けした図（result1.png）では、全データがほぼ同じ大きさのクラスタへと二分されていることがわかります。

また、移動手段の情報に従って色分けをした図（result2.png）中に現れるクラスタのうち、片方にはバスによる移動が多く含まれており、もう片方にはあまり含まれていないことがわかります。

そして、コンソールには次のように適合率、一致率、F1値のスコアも表示されます。

```
$ python3 chapt04-2.py
Precision score: 0.714286
Recall score: 0.986842
F1 score: 0.828729
```

学習がうまく進めば、結果は「F1 score」でおおむね「0.75」～「0.85」程度の値となります。また、「Precision score」よりも「Recall score」の方が大きくなる傾向にあり、これはバスによる経路が多く含まれるクラスタに自家用車による経路が混在する傾向にあることを表しています。

ここでは、「go_track_tracks.csv」に含まれている移動手段の情報に基づいてスコアを計算しましたが、この分析結果そのものは教師なし学習によるものなので、移動手段によるクラスタのラベリングが本当に正しいかどうかは定かではない点に注意してください。

分析結果のクラスタが実際に表している意味は、たとえば郊外の移動か市内の移動かなどのように、位置情報のトラッキングデータから抽出できる別の意味合いに基づいているかもしれません。しかし、分析結果のスコアを見れば、少なくとも移動手段と相関のある何らかの意味合いを持つクラスタが作成されていることがわかります。

教師あり学習ではまずデータをラベリングし、そのラベリングに基づいて分析モデルを作成するのに対して、このように教師なし学習では、まず分析結果が現れるので、その結果をあとから人間がラベリングすることになります。

CHAPTER 05
自然言語分類

SECTION-013

コーパスの入手

前章までに紹介したデータ分析の例は、すべて数値からなるデータを扱うものでした。

ニューラルネットワークが扱うことができるデータは、すべて数値データなので、もともとのデータが数値で表されているデータセットは、分析がしやすいデータであるといえます。

しかし、その一方で、機械学習によって分析したいデータが、常に数値のみからなるデータであるという保証はありません。

この章では、非数値データの代表である文章データを、ニューラルネットワークを使用して扱うための手法について紹介します。

この章で扱う課題

文章データとは、自然言語のテキストからなるデータのことです。自然言語のデータを分析する目的には、たとえば、文章から意味を抽出することや、機械翻訳など、いろいろな例がありますが、この章では文章を文が属しているカテゴリへと分類する、自然言語分類について紹介します。

自然言語分類では、たとえば、質問文からFAQ内の回答例を求めるなど、入力された文章から、その文章に最もマッチしている、あらかじめ指定されたカテゴリを選択します。

◆使用するデータ

機械学習で使用する自然言語文章のデータセットを**コーパス**と呼びますが、現在では機械学習の研究用にさまざまなコーパスが一般に公開されており、誰でも利用できるようになっています。

この章では、その中でも「**Wikipedia日英京都関連文書対訳コーパス**」というコーパスのデータを使用します。

「Wikipedia日英京都関連文書対訳コーパス」は、Wikipediaの日本語文章を、国立研究開発法人情報通信研究機構が英訳したもので、「Creative Comons Attribution-Share-Alike License 3.0」ライセンスのもと、下記のURLで公開されています。

URL https://alaginrc.nict.go.jp/WikiCorpus/

「Wikipedia日英京都関連文書対訳コーパス」は対訳コーパスであり、その名のとおり、日本語と英語の対訳文章からなるコーパスですが、この章では機械翻訳ではなく自然言語分類の手法を紹介するので、コーパス中に含まれる日本語の文章のみを利用し、それらの文章を文章が含まれるカテゴリに分類することにします。

◆分類クラスの設定

「Wikipedia日英京都関連文書対訳コーパス」は、京都に関する内容を中心としたWikipediaの記事を収集・翻訳したものです。このコーパスにはもとの記事のカテゴリに基づいて、学校、鉄道・交通関連、旧家、建造物、神道、人名、地名、伝統文化、道路、仏教、文学、役職・称号、歴史、神社仏閣、天皇の15カテゴリの記事が含まれています。

そこでここでは、コーパス中に含まれる記事から、その記事が属しているカテゴリを判断するニューラルネットワークを作成します。つまりこの章で作成するニューラルネットワークは、クラス分類ニューラルネットワークで、入力として日本語の自然言語文章を、出力として15クラスのいずれかを返すものになります。

データの確認

まずは先ほどのURLから、「Wikipedia日英京都関連文書対訳コーパス」のファイルをダウンロードし、解凍します。すると、次のように、「SCL」「RLW」「FML」「BLD」「SNT」「PNM」「GNM」「CLT」「ROD」「BDS」「LTT」「TTL」「HST」「SAT」「EPR」の15個のディレクトリが作成されます。

```
$ tar xvfz wiki_corpus_2.01.tar.gz
$ ls
BDS  EPR  HST  RLW  SCL  Wiki_Corpus_List_2.01.csv  wiki_corpus_2.01.tar.gz
BLD  FML  LTT  ROD  SNT  kyoto_lexicon.csv
CLT  GNM  PNM  SAT  TTL  readme.pdf
```

これらのディレクトリが、先ほどの15カテゴリに対応しています。それぞれのディレクトリ内には、次のように各記事のデータが含まれているXMLファイルが存在します。

```
$ ls BDS/
BDS00001.xml  BDS00214.xml  BDS00427.xml  BDS00640.xml
BDS00002.xml  BDS00215.xml  BDS00428.xml  BDS00641.xml
・・・(略)
```

◆XMLファイルのパース

前章まではcsv形式のファイルを扱いましたが、この章ではXMLファイルを扱うので、ファイルのパースに使用するライブラリも異なります。この章ではXMLファイルを扱うために、「xml」ライブラリにある「minidom」を使用します。

次のように「minidom」をインポートし、「parse」関数でファイルを読み込みます。

```
$ python3
>>> from xml.dom import minidom as md
>>> mf = md.parse('BDS/BDS00001.xml')
```

XML内にあるタグのリストは、「getElementsByTagName」関数で取得することができます。たとえば、XML内にある最初の「<j></j>」タグを取得し、その中にあるノードを取得するには、次のようにします。

```
>>> mf.getElementsByTagName('j')[0].firstChild
<DOM Text node "'雪舟'">
```

また、テキストノードの中にある文章を、Pythonのstr形式にするには、「nodeValue」から値を取得します。

```
>>> mf.getElementsByTagName('j')[1].firstChild.nodeValue
'雪舟(せっしゅう、1420年(応永27年) - 1506年(永正3年))は号で、15世紀後半室町時代に活躍した水墨画家・禅僧で、画聖とも称えられる。'
```

◆エラーがあるファイルの編集

執筆時点のバージョンの「Wikipedia日英京都関連文書対訳コーパス」には、「minidom」でパースしようとするとエラーになるファイルが含まれているので、データ分析の前にそのファイルをテキストエディタで開いて、エラーの箇所を修正します。

エラーとなるファイルは、「GNM」ディレクトリ内にある「GNM00155.xml」で、エラーの原因は、XML内に半角の「&」記号がそのまま使われているからです。「GNM00155.xml」をテキストエディタで開き、XMLの仕様に従って「&」記号を「&」と置換します。

問題の「&」記号はファイルの最後にある<copyright></copyright>タグに含まれているので、次のようにその箇所を「&」と変更します。

SOURCE CODE ‖ GNM00155.xmlのコード(修正前)

```
<copyright>
・・(略)
AEONseven&i(id:89677),
・・(略)
</copyright>
```

SOURCE CODE ‖ GNM00155.xmlのコード(修正後)

```
<copyright>
・・(略)
AEONseven&amp;i(id:89677),
・・(略)
</copyright>
```

文章データの取り扱い

さて、文章データをニューラルネットワークで扱うためには、まずデータを何らかの手法で数値データへと変換しなければなりません。

本書では文章に含まれている単語を基本単位として、単語の組合せを数値データとして扱います。

◆形態素解析

文章に含まれている単語を扱う場合に問題になるのは、日本語の文章では単語と単語の間に空白などを入れないため、単語の区切り方が複数、考えられることです。

そこで、**形態素解析**という技術を使用し、日本語の文章を区切って単語のリストを作成します。形態素解析とは、1つの文章からその文章内に含まれている単語のリストを取得する手法で、文章を分解して単語と単語の品詞からなるリストを作成することができます。

●形態素解析

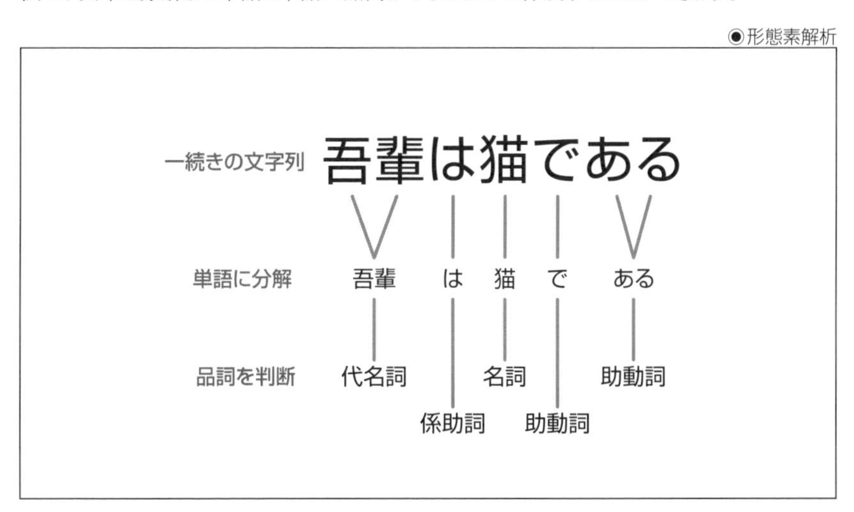

本書では、Pythonから日本語の形態素解析を利用するために、「Janome」というライブラリを使用します。「Janome」ライブラリを利用して形態素解析を行うには、次のように「Tokenizer」クラスを作成して、「tokenize」関数を呼び出します。

```
from janome.tokenizer import Tokenizer
>>> tk = Tokenizer()
>>> t = tk.tokenize('我輩は猫である')
```

「tokenize」関数からは、単語およびその品詞からなるデータのリストが返されます。戻り値は「Token」クラスのリストで、次のように「surface」から単語のみを取得することができます。

```
>>> [p.surface for p in t]
['我輩', 'は', '猫', 'で', 'ある']
```

◆単語をID化する

次に、コーパス中に含まれているすべての単語をID化します。コーパス中の全単語を重複しないリスト化し、それぞれの単語に一意なIDを振れば、コーパスに含まれている文を、ID(つまり数値)のリストとして扱うことができるようになります。

◉文中にあるすべての単語をリストする

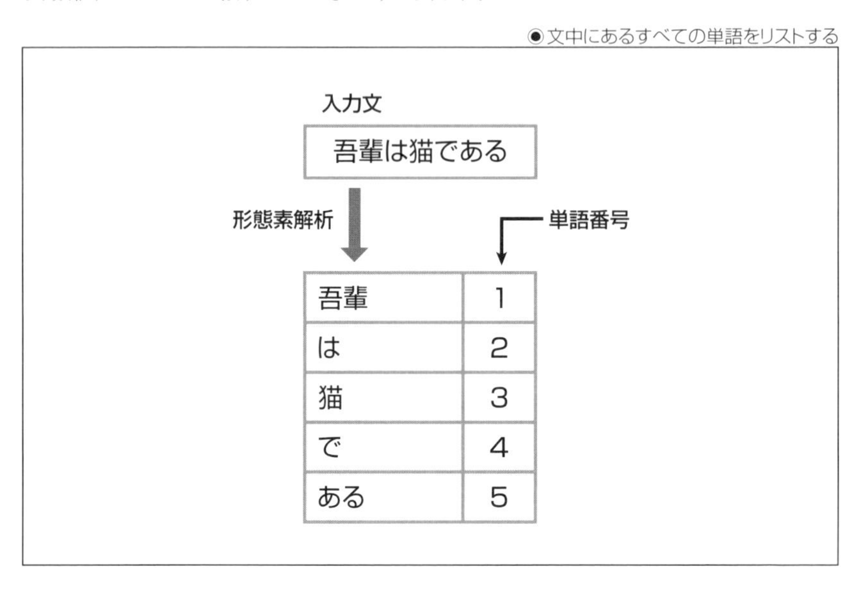

◎コーパスを数値データにする

それでは実際に、「Wikipedia日英京都関連文書対訳コーパス」に含まれている日本語の文章を取り出し、ニューラルネットワークで扱うための単語IDのリストにするプログラムを作成します。

まずは「chapt05-1.py」というファイルを作成し、次の内容を保存します。

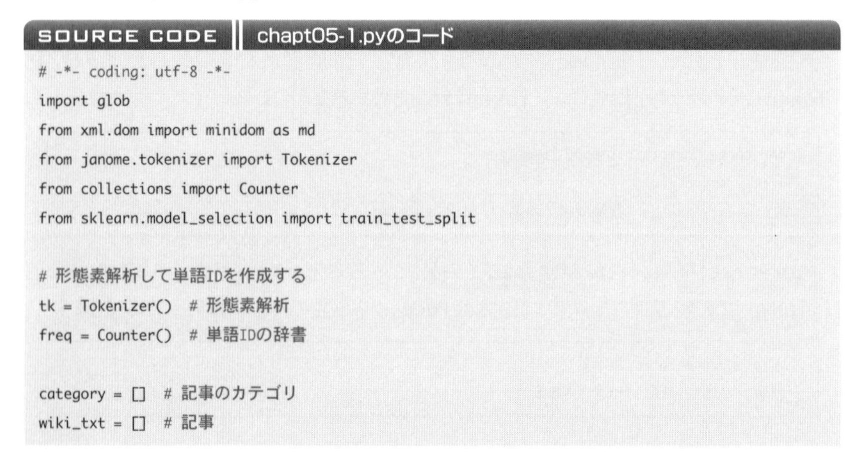

SOURCE CODE | chapt05-1.pyのコード

```
# -*- coding: utf-8 -*-
import glob
from xml.dom import minidom as md
from janome.tokenizer import Tokenizer
from collections import Counter
from sklearn.model_selection import train_test_split

# 形態素解析して単語IDを作成する
tk = Tokenizer()  # 形態素解析
freq = Counter()  # 単語IDの辞書

category = []  # 記事のカテゴリ
wiki_txt = []  # 記事
```

◆XMLファイルを読み込む

「Wikipedia日英京都関連文書対訳コーパス」内の記事は、ファイルを解凍して作成されるディレクトリ内にxmlファイルとして保存されています。そこで「'*/*.xml」にマッチするファイルをすべてminidomで読み込み、その内容をパースします。

ここではコーパス内の日本語の文章のみを利用するので、XMLファイル内の<j></j>タグの内容のみを抽出し、記事全体の文章を作成します。

次のコードでは、「glob」ライブラリのファイル検索を使用してループを回し、その中で「w」変数に記事全体の文章を、単語のリストとして追加しています。また、作成した記事から、最長で200単語までのリストを「wiki_txt」変数に、ファイルの保存されているディレクトリ名からカテゴリの種類を取得し、「category」変数に追加しています。

SOURCE CODE ‖ chapt05-1.pyのコード

```
# すべてのxmlファイルを読み込む
for fn in glob.glob('*/*.xml'):
  dom = md.parse(fn)
  # <j></j>タグの内容を取得
  j = dom.getElementsByTagName('j')
  w = [] # 記事全体の文章
  for i in range(j.length):
    # テキストノードの中のテキストを取得
    t = tk.tokenize(j[i].firstChild.nodeValue)
    l = [p.surface for p in t]
    # 単語IDの辞書を更新
    freq.update(set(l))
    # 文章に追加
    w.extend(l)
  # 記事を追加
  category.append(fn[:3])
  wiki_txt.append(w[:200])  # 最長200単語まで
```

◆出現数から単語を絞り込む

次に、単語の出現数から利用する単語を絞り込みます。

まず、出現回数が少なすぎる単語は、凡例とならないため、除外します。さらに逆に、出現回数が多すぎる単語も、文章間の違いを見つけ出すには一般的すぎるので除外します。

ここでは最小出現回数として10回を、最大出現回数としてコーパス内の最も出現回数が多い単語の3割を指定しています。

SOURCE CODE ‖ chapt05-1.pyのコード

```
# 単語IDを、出現回数の順に並べる
common = freq.most_common()
# 最小出現回数
min_df = 10
# 最大出現回数
max_df = int(common[0][1] * 0.3)  # 最大値の3割
```

```
# 辞書を作成
vocab = sorted([t for t,c in common if c >= min_df and c < max_df])
index = {t: i+1 for i,t in enumerate(vocab)}
termc = max(index.values()) + 1
# 最大の長さ
volen = max([len(t) for t in wiki_txt])
```

上記のコードでは、「index」変数に絞り込んだ単語と単語IDのディクショナリが、「volen」変数に単語を絞り込んだあとの最大の文章の長さが入ります。

◆学習用と評価用データを作成する

次に、コーパス内の記事の30%がテスト用データに、残りが学習用データになるように、作成したデータを分割します。それには「scikit-learn」の「train_test_split」関数を使用します。

SOURCE CODE | chapt05-1.pyのコード

```
# 学習用とテスト用データを作成
X_train, X_test, Y_train, Y_test = train_test_split(wiki_txt, category, test_size=0.3)
```

◆csv形式でデータを保存する

最後に、学習用データとテスト用データをcsvファイルとして保存します。データをcsvファイルとして保存するコードは、「save_data」という名前の関数として作成しました。「save_data」関数のコードは、次のようになります。

SOURCE CODE | chapt05-1.pyのコード

```
# データをcsvで保存する関数
def save_data(filename, X_data, Y_data):
  with open(filename,'w') as f:
    # ヘッダーを書く
    f.write('CLASS,')
    f.write(','.join(list(map(str,range(1,volen+2)))))
    f.write('\n')
    # 各記事に対して
    for i in range(len(X_data)):
      t = X_data[i] # カテゴリ
      # 辞書から単語IDのリストにする
      v = [index[c] for c in t if c in index]
      # リストの長さを最大のものに揃える
      w = v + [termc] * int(1 + volen - len(v))
      # データを一行書く
      f.write(Y_data[i])
      f.write(',')
      f.write(','.join(list(map(str,w))))
      f.write('\n')
```

そして、先ほど分割した学習用データとテスト用データを、「save_data」関数を使用して「train.csv」「test.csv」という名前で保存します。

SOURCE CODE || chapt05-1.pyのコード

```
# 学習用とテスト用データを保存
save_data('train.csv',X_train,Y_train)
save_data('test.csv',X_test,Y_test)
```

◆学習用とテスト用データを作成する

以上の内容をすべてつなげると、コーパスに含まれている日本語の文章を取り出し、単語IDのリストにするプログラムは、次のようになります。

SOURCE CODE || chapt05-1.pyのコード

```
# -*- coding: utf-8 -*-
import glob
from xml.dom import minidom as md
from janome.tokenizer import Tokenizer
from collections import Counter
from sklearn.model_selection import train_test_split

# 形態素解析して単語IDを作成する
tk = Tokenizer()  # 形態素解析
freq = Counter()  # 単語IDの辞書

category = []  # 記事のカテゴリ
wiki_txt = []  # 記事

# すべてのxmlファイルを読み込む
for fn in glob.glob('*/*.xml'):
  dom = md.parse(fn)
  # <j></j>タグの内容を取得
  j = dom.getElementsByTagName('j')
  w = [] # 記事全体の文章
  for i in range(j.length):
    # テキストノードの中のテキストを取得
    t = tk.tokenize(j[i].firstChild.nodeValue)
    l = [p.surface for p in t]
    # 単語IDの辞書を更新
    freq.update(set(l))
    # 文章に追加
    w.extend(l)
  # 記事を追加
  category.append(fn[:3])
  wiki_txt.append(w[:200])  # 最長200単語まで

# 単語IDを、出現回数の順に並べる
common = freq.most_common()
```

```
# 最小出現回数
min_df = 10
# 最大出現回数
max_df = int(common[0][1] * 0.3)  # 最大値の3割
# 辞書を作成
vocab = sorted([t for t,c in common if c >= min_df and c < max_df])
index = {t: i+1 for i,t in enumerate(vocab)}
termc = max(index.values()) + 1
# 最大の長さ
volen = max([len(t) for t in wiki_txt])

# 学習用とテスト用データを作成
X_train, X_test, Y_train, Y_test = train_test_split(wiki_txt, category, test_size=0.3)

# データをcsvで保存する関数
def save_data(filename, X_data, Y_data):
  with open(filename,'w') as f:
    # ヘッダーを書く
    f.write('CLASS,')
    f.write(','.join(list(map(str,range(1,volen+2)))))
    f.write('\n')
    # 各記事に対して
    for i in range(len(X_data)):
      t = X_data[i] # カテゴリ
      # 辞書から単語IDのリストにする
      v = [index[c] for c in t if c in index]
      # リストの長さを最大のものに揃える
      w = v + [termc] * int(1 + volen - len(v))
      # データを一行書く
      f.write(Y_data[i])
      f.write(',')
      f.write(','.join(list(map(str,w))))
      f.write('\n')

# 学習用とテスト用データを保存
save_data('train.csv',X_train,Y_train)
save_data('test.csv',X_test,Y_test)
```

上記のプログラムを実行すると、「train.csv」と「test.csv」が作成されます。

SECTION-014

自然言語分類の学習

以上で学習のための下準備が終わったので、次は実際にニューラルネットワークのモデルを作成して、機械学習を行います。

単語間の関係性を扱う

自然言語からなる文章を扱うことができるニューラルネットワークには、いくつかの種類が存在します。

この章ではその中でも、**畳み込みニューラルネットワーク**と呼ばれる種類のニューラルネットワークを使用して、自然言語分類を行います。

◆畳み込みニューラルネットワークによる自然言語処理

畳み込みニューラルネットワークによる文章データの学習は、文章内の比較的近い場所に位置する単語間の関係に、その文章における意味が含まれている、という前提に成り立っています。

つまり、「吾輩は猫である」という文章内には、「吾輩」「は」「猫」という単語の組合せが存在しているので、その同じ組合せが存在する文章（たとえば「彼は犬派だが吾輩は猫」）にも、同じ意味合いが含まれているはず、ということです。

●単語間の関係性を扱う

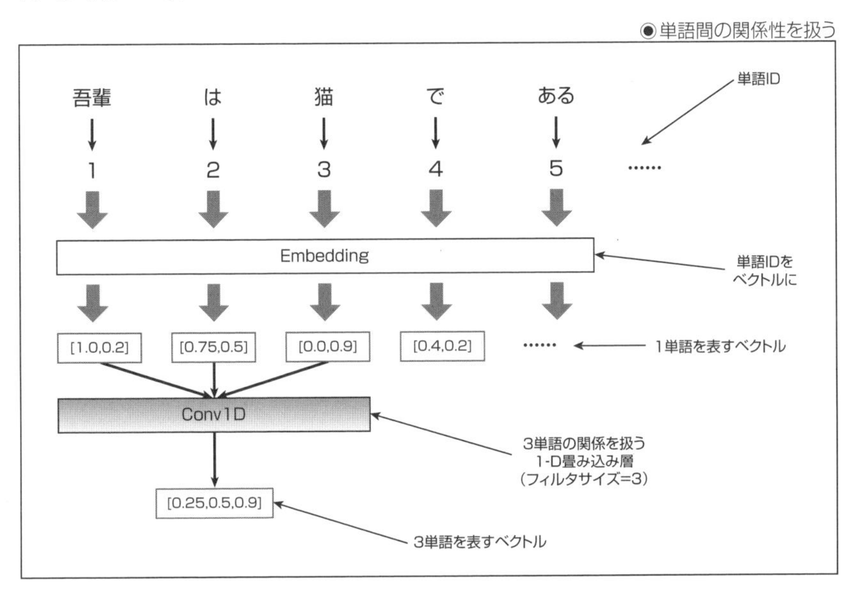

上図は、文章内に含まれている連続した3つの単語の組合せを扱う畳み込みニューラルネットワークの例を表しています。

まず、単語IDとして入力されたデータのリストは、Embedding層を使用してベクトルデータのリストとなります。その時点では、それぞれのベクトルデータは入力された単語と対応していますが、そこからフィルタサイズが3の畳み込みニューラルネットワークを使用して、連続した3つの単語の組合せをベクトル化します。

◉畳み込みニューラルネットワークで関係性を扱う

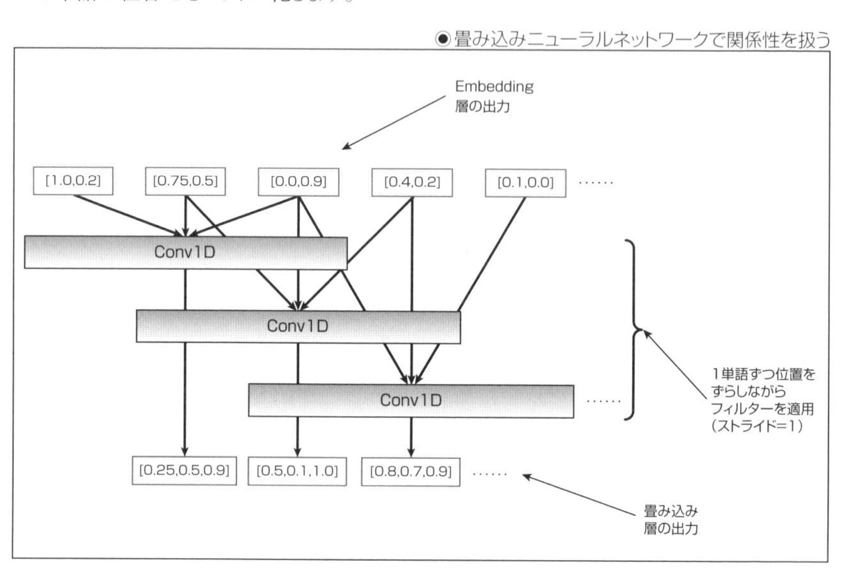

そして、畳み込みニューラルネットワーク内のフィルタを1単語分ずつずらしながら(ストライド=1)、すべての単語を網羅するように移動していきます。

すると、3単語の関係を集めたベクトルのリストが作成されます。

◉畳み込み層による掛かり受けの学習

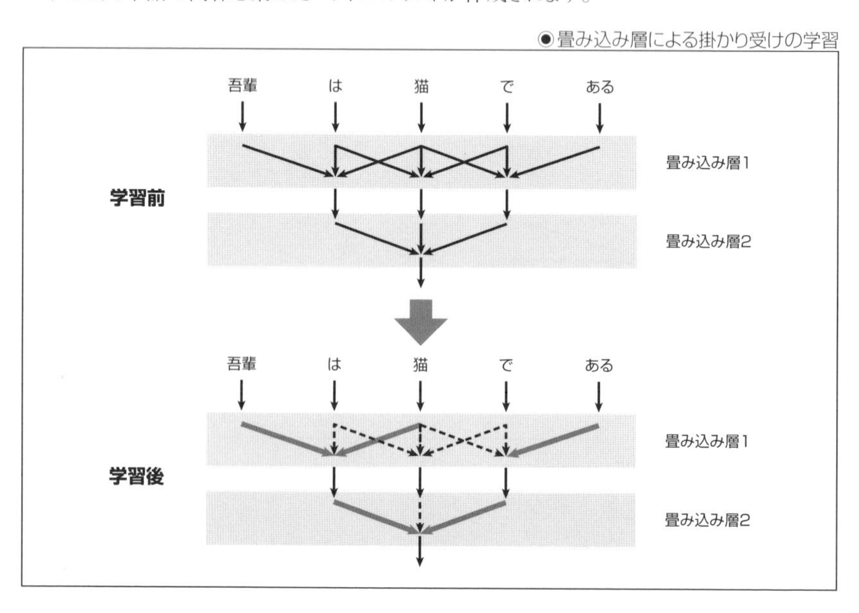

さらに、多数の畳み込み層を重ねたニューラルネットワークでは、下図のように単語の関係をツリー上に構築することができるので、木構造を持った単語の掛かり受けを扱うことができます。

●自然言語文章のクラス分類

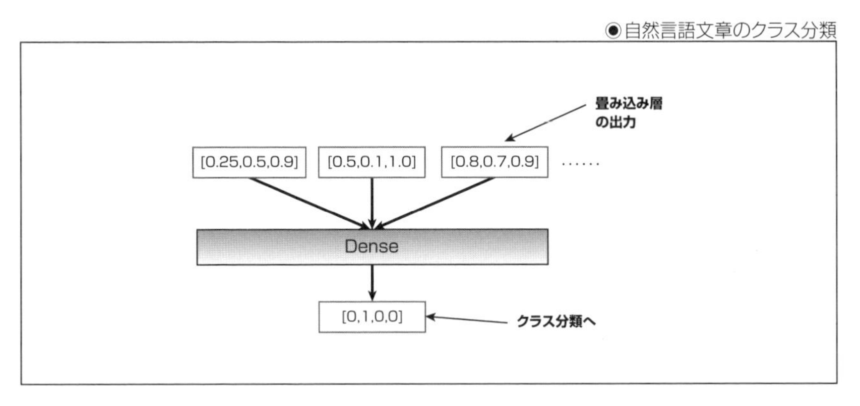

そして畳み込み層の後は、Dense層を使用してクラス分類を行うように、クラス数の次元を持つベクトルデータを出力します。

実際には層の数やベクトルの大きさなどを調整することになりますが、以上が畳み込みニューラルネットワークによる文章データの学習の基本的なアイデアとなります。

◆Gluonのモデルを作成する

では実際にGluonのAPIを使用して、文章データを扱う畳み込みニューラルネットワークを作成します。

まずは「`chapt5model.py`」という名前のファイルを作成して、次の内容を作成します。

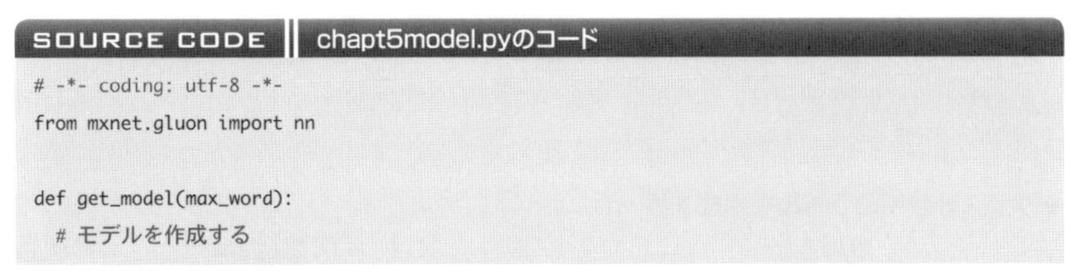
SOURCE CODE chapt5model.pyのコード

```
# -*- coding: utf-8 -*-
from mxnet.gluon import nn


def get_model(max_word):
  # モデルを作成する
```

◆チャンネルを入れ替える

CHAPTER 02と同様、この「`get_model`」関数内にモデルを作成するためのコードを実装していきますが、その前に配列データの次元を入れ替えるためのクラスを作成します。

なぜそのクラスが必要かというと、GluonのAPIでは、離散データの値をベクトルにするEmbedding層は、**<ミニバッチ数>－<入力単語数>－<ベクトル内のチャンネル数>**の順で次元が並んでいる配列データを返すのですが、現在のバージョンのGluonでは、1次元の畳み込み層は**<ミニバッチ数>－<ベクトル内のチャンネル数>－<入力単語数>**という並びのデータを入力する必要があるためです。

SOURCE CODE || chapt5model.pyのコード

```
lass WCSwap(nn.HybridBlock):
  def __init__(self, **kwargs):
    super(WCSwap, self).__init__(**kwargs)

  def hybrid_forward(self, F, x):
    return F.SwapAxis(x, 1, 2)
```

そこでここでは、上記のクラスを作成し、ニューラルネットワーク内の層の1つとして使用することで、その層を通過したデータは**<入力単語数>**と**<ベクトル内のチャンネル数>**の次元が入れ替わるようにしました。

◆畳み込み層を作成する

「get_model」関数では、CHAPTER 02と同様に「Sequential」クラス内にニューラルネットワークの層を作成していきます。

ここでは次のように、Embedding層が出力するベクトルの大きさは64とし、畳み込み層として1次元のConv1D層を2層と、分類するクラス数と同じ15次元の出力数を持つDense層を通じて出力を行います。

SOURCE CODE || chapt5model.pyのコード

```
def get_model(max_word):
  # モデルを作成する
  model = nn.Sequential()
  with model.name_scope():
    model.add(nn.Embedding(max_word+1, 128))
    model.add(WCSwap())
    model.add(nn.Conv1D(channels=32, kernel_size=10, strides=1, activation='tanh'))
    model.add(nn.Conv1D(channels=32, kernel_size=10, strides=1, activation='tanh'))
    model.add(nn.Dense(15))
  return model
```

◆クラス分類用のラベルを作成する

また、クラス分類用のラベルから、そのラベルのIDを取得する関数も作成します。この関数は学習時と実行時の両方で利用するので、利用しやすいように「chapt5model.py」内に作成しておきます。

SOURCE CODE || chapt5model.pyのコード

```
def get_label(y):
  l_dict = {'BDS':0,'BLD':1,'CLT':2,'EPR':3,'FML':4,
      'GNM':5,'HST':6,'LTT':7,'PNM':8,'RLW':9,
      'ROD':10,'SAT':11,'SCL':12,'SNT':13,'TTL':14}
  return [l_dict[i] for i in y]
```

この関数は上記のようになります。

学習プログラムの作成

次に、実際に学習を行うプログラムを作成します。「chapt5-2.py」というファイルを作成し、学習用データを読み込むコードを作成します。

SOURCE CODE | chapt5-2.pyのコード

```
# -*- coding: utf-8 -*-
import pandas as pd
import numpy as np

# データを読み込む
df = pd.read_csv('train.csv')

# 2番目以降の列が文章、最初の列がクラス
X = df.iloc[:,1:].values
Y = df.iloc[:,0].values
```

学習用データは先ほど数値化してcsvファイルとして作成していたので、あとは上記のように読み込むだけとなります。

SOURCE CODE | chapt5-2.pyのコード

```
# 単語IDの最大値
max_word = np.amax(X)

# Apache MXNetのデータにする
from mxnet import nd
X = nd.array(X)
```

その後、単語IDの最大値を取得し、文章データをApache MXNetのNDArray型に変換しておきます。

◆モデルの作成

そして、先ほど作成したニューラルネットワークのモデルを構築します。そのためのコードは次のようになります。

SOURCE CODE | chapt5-2.pyのコード

```
# Apache MXNetを使う準備
from mxnet import autograd
from mxnet import cpu
from mxnet.gluon import Trainer
from mxnet.gluon.loss import SoftmaxCrossEntropyLoss

# モデルをインポートする
import chapt05model

# モデルを作成する
model = chapt05model.get_model(max_word)
model.initialize(ctx=[cpu(0),cpu(1),cpu(2),cpu(3)])
```

◆機械学習を実行する

機械学習を実行する準備としては、csvファイルから読み込んだカテゴリの文字列をIDへと変換しておく必要があります。また、学習アルゴリズムと損失関数を選択する必要がありますが、これまでの章と同じくAdamアルゴリズムと、SoftmaxCrossEntropyLossを使用します。

SOURCE CODE chapt5-2.pyのコード

```
# カテゴリを文字列からIDにする
Y = chapt05model.get_label(Y)
# Apache MXNetのデータにする
Y = nd.array(Y)

# 学習アルゴリズムを設定する
trainer = Trainer(model.collect_params(),'adam')
loss_func = SoftmaxCrossEntropyLoss()
```

その後、実際に機械学習を行います。そのためのコードはこれまでの章と同じなので解説はしません。ここではバッチサイズとして「100」を指定し、8エポック分の学習を行います。

SOURCE CODE chapt5-2.pyのコード

```
# 機械学習を開始する
print('start training...')
batch_size = 100
epochs = 8
loss_n = [] # ログ表示用の損失の値
for epoch in range(1, epochs + 1):
  # ランダムに並べ替えたインデックスを作成
  indexs = np.random.permutation(X.shape[0])
  cur_start = 0
  while cur_start < X.shape[0]:
    # ランダムなインデックスから、バッチサイズ分のウィンドウを選択
    cur_end = (cur_start + batch_size) if (cur_start + batch_size) < X.shape[0] else X.shape[0]
    data = X[indexs[cur_start:cur_end]]
    label = Y[indexs[cur_start:cur_end]]
    # ニューラルネットワークを順伝播
    with autograd.record():
      output = model(data)
      # 損失の値を求める
      loss = loss_func(output, label)
      # ログ表示用に損失の値を保存
      loss_n.append(np.mean(loss.asnumpy()))
    # 損失の値から逆伝播する
    loss.backward()
    # 学習ステータスをバッチサイズ分進める
    trainer.step(batch_size, ignore_stale_grad=True)
    cur_start = cur_end
  # ログを表示
```

```
ll = np.mean(loss_n)
print('%d epoch loss=%f...'%(epoch,ll))
loss_n = []
```

最後にニューラルネットワークのモデルを保存して、学習を行うプログラムは完成です。

SOURCE CODE | chapt5-2.pyのコード

```
# 学習結果を保存
model.save_params('chapt05.params')
```

◆最終的なコード

以上の内容をすべてつなげると、機械学習を行うコードは次のようになります。

SOURCE CODE | chapt5-2.pyのコード

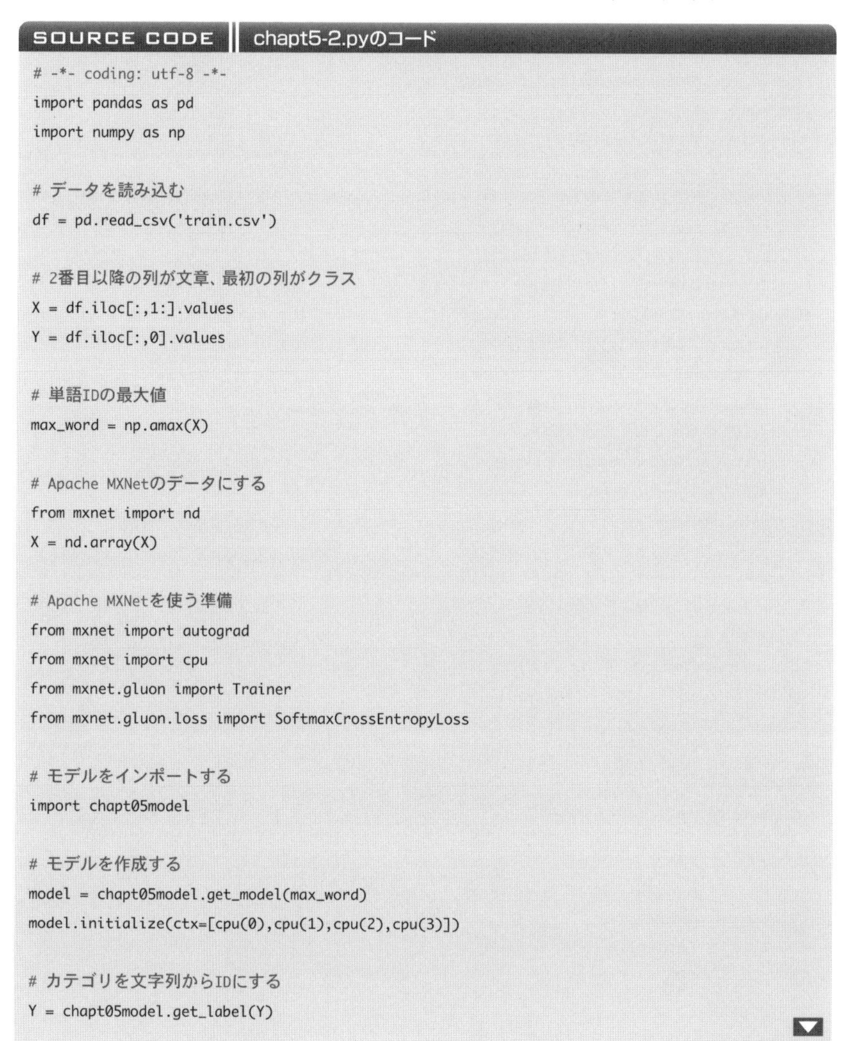

```
# -*- coding: utf-8 -*-
import pandas as pd
import numpy as np

# データを読み込む
df = pd.read_csv('train.csv')

# 2番目以降の列が文章、最初の列がクラス
X = df.iloc[:,1:].values
Y = df.iloc[:,0].values

# 単語IDの最大値
max_word = np.amax(X)

# Apache MXNetのデータにする
from mxnet import nd
X = nd.array(X)

# Apache MXNetを使う準備
from mxnet import autograd
from mxnet import cpu
from mxnet.gluon import Trainer
from mxnet.gluon.loss import SoftmaxCrossEntropyLoss

# モデルをインポートする
import chapt05model

# モデルを作成する
model = chapt05model.get_model(max_word)
model.initialize(ctx=[cpu(0),cpu(1),cpu(2),cpu(3)])

# カテゴリを文字列からIDにする
Y = chapt05model.get_label(Y)
```

```
# Apache MXNetのデータにする
Y = nd.array(Y)

# 学習アルゴリズムを設定する
trainer = Trainer(model.collect_params(),'adam')
loss_func = SoftmaxCrossEntropyLoss()

# 機械学習を開始する
print('start training...')
batch_size = 100
epochs = 50
loss_n = [] # ログ表示用の損失の値
for epoch in range(1, epochs + 1):
  # ランダムに並べ替えたインデックスを作成
  indexs = np.random.permutation(X.shape[0])
  cur_start = 0
  while cur_start < X.shape[0]:
    # ランダムなインデックスから、バッチサイズ分のウィンドウを選択
    cur_end = (cur_start + batch_size) if (cur_start + batch_size) < X.shape[0] else X.shape[0]
    data = X[indexs[cur_start:cur_end]]
    label = Y[indexs[cur_start:cur_end]]
    # ニューラルネットワークを順伝播
    with autograd.record():
      output = model(data)
      # 損失の値を求める
      loss = loss_func(output, label)
      # ログ表示用に損失の値を保存
      loss_n.append(np.mean(loss.asnumpy()))
    # 損失の値から逆伝播する
    loss.backward()
    # 学習ステータスをバッチサイズ分進める
    trainer.step(batch_size, ignore_stale_grad=True)
    cur_start = cur_end
  # ログを表示
  ll = np.mean(loss_n)
  print('%d epoch loss=%f...'%(epoch,ll))
  loss_n = []

# 学習結果を保存
model.save_params('chapt05.params')
```

このプログラムを実行すると、次のように実行ログが表示され、学習が進みます。

```
$ python3 chapt05-2.py
start training...
1 epoch loss=1.523370...
2 epoch loss=0.449973...
3 epoch loss=0.086760...
4 epoch loss=0.017596...
5 epoch loss=0.003717...
・・・(略)
```

学習が終了すると、「chapt05.params」というファイルが作成されます。

COLUMN

さまざまな自然言語分類の手法

自然言語分類のための手法には、さまざまな観点からの技術を組み合わせることができるので、複数の選択肢が存在しています。

この章では、単語IDを直接畳み込みニューラルネットワークに入力しましたが、一度、単語ベクトル辞書を作成してからRNNや畳み込みニューラルネットワークを使用する場合もありますし、TF-IDFベクトルやSparse Composite Document Vectors(SCDV)などで文のベクトル表現を作成し、その後にクラス分類の手法を適用する手法も有力な手法です。

◉自然言語分類の手法

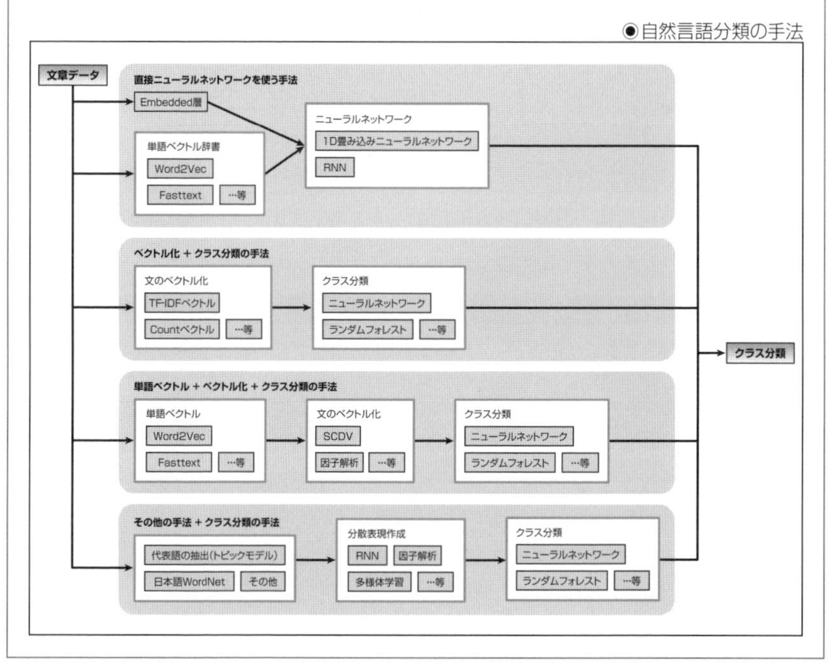

SECTION-015

自然言語分類の実行

学習が終了したら、テスト用データを読み込んで実際に自然言語分類を行うプログラムを作成します。

自然言語分類プログラムの作成

まずは「chapt5-3.py」というファイルを作成し、テスト用データを読み込むコードを作成します。この部分のコードは、読み込むファイル名が「test.csv」になっているだけで、先ほどのものと同様になります。

SOURCE CODE ‖ chapt5-3.pyのコード

```
# -*- coding: utf-8 -*-
import pandas as pd
import numpy as np

# データを読み込む
df = pd.read_csv('test.csv')

# 2番目以降の列が文章、最初の列がクラス
X = df.iloc[:,1:].values
Y = df.iloc[:,0].values

# 単語IDの最大値
max_word = np.amax(X)

# Apache MXNetのデータにする
from mxnet import nd
X = nd.array(X)
```

◆モデルの作成

次に、学習済みのモデルを読み込んで、ニューラルネットワークのインスタンスを作成します。

SOURCE CODE ‖ chapt5-3.pyのコード

```
# Apache MXNetを使う準備
from mxnet import autograd
from mxnet import cpu
from mxnet.gluon import Trainer
from mxnet.gluon.loss import SoftmaxCrossEntropyLoss
from mxnet import ndarray as F

# モデルをインポートする
import chapt05model
```

▼

```
# モデルを作成する
model = chapt05model.get_model(max_word)
model.load_params('chapt05.params', ctx=[cpu(0),cpu(1),cpu(2),cpu(3)])
```

◆自然言語分類を実行する

最後に、ニューラルネットワークにデータを順伝播させ、クラス分類を行います。ここでは用意したテスト用データすべてを一度のミニバッチで実行し、結果をまとめて取得します。その後、カテゴリのIDから一致しているものを取り出し、全データ数における割合を表示します。

SOURCE CODE | chapt5-3.pyのコード

```
# カテゴリの文字列をIDにする
Y = chapt05model.get_label(Y)

# ニューラルネットワークを実行する
output = model(X)
# クラス分類を行う
result = F.softmax(output, axis=1)
pred = result.asnumpy().argmax(axis=1)

# 正解している割合を表示する
print('Accuracy = %f'%(pred == Y).mean())
```

◆最終的なコード

以上の内容をすべてつなげると、「chapt5-3.py」のコードは次のようになります。

SOURCE CODE | chapt5-3.pyのコード

```
# -*- coding: utf-8 -*-
import pandas as pd
import numpy as np

# データを読み込む
df = pd.read_csv('test.csv')

# 2番目以降の列が文章、最初の列がクラス
X = df.iloc[:,1:].values
Y = df.iloc[:,0].values

# 単語IDの最大値
max_word = np.amax(X)

# Apache MXNetのデータにする
from mxnet import nd
X = nd.array(X)

# Apache MXNetを使う準備
from mxnet import autograd
```

```
from mxnet import cpu
from mxnet.gluon import Trainer
from mxnet.gluon.loss import SoftmaxCrossEntropyLoss
from mxnet import ndarray as F

# モデルをインポートする
import chapt05model

# モデルを作成する
model = chapt05model.get_model(max_word)
model.load_params('chapt05.params', ctx=[cpu(0),cpu(1),cpu(2),cpu(3)])

# カテゴリの文字列をIDにする
Y = chapt05model.get_label(Y)

# ニューラルネットワークを実行する
output = model(X)
# クラス分類を行う
result = F.softmax(output, axis=1)
pred = result.asnumpy().argmax(axis=1)

# 正解している割合を表示する
print('Accuracy = %f'%(pred == Y).mean())
```

このプログラムを実行すると、次のように正解率が表示されます。

```
$ python3 chapt05-3.py
Accuracy = 0.799953
```

この章で作成したニューラルネットワークでは、約80%のテスト用データを正しく分類できるモデルが作成されました。

CHAPTER 06

自然言語文章の分析

SECTION-016

自然言語文章に対する教師なし学習

前章では、自然言語文章を、文章に含まれている単語の関係性をもとにクラス分類する手法について紹介しました。

文章データを直接、クラス分類する手法は、それなりに応用範囲が広く役立つ分析手法なのですが、機械学習を使用したデータ分析には、クラス分類以外にもさまざまな応用分野があります。

しかし、不定長のデータである自然言語文章を、直接、そうした機械学習モデルへと入力することはできず、前処理として何らかの手法を用いて、文章を数値からなるデータへと変換する必要があります。

そこでこの章では、自然言語文章に対する分析の前段階で使用できる、文章を固定長のベクトルデータで表現する手法について紹介します。

この章で扱う課題

本書のこれまでの章で紹介してきたように、機械学習モデルによるデータ分析には、クラス分類以外にも回帰や教師なし学習などの手法が存在します。

自然言語文章をそうした、クラス分類以外の手法で分析するには、まず入力値である文章をそれらの手法で前提としている、固定長のベクトルデータへと変換しなければなりません。

これはCHAPTER 04で紹介した次元削減と似た概念で、文章に含まれている意味合いを保存したまま、すべてのデータが同じ次元数の数値で表せるような、機械学習モデルを作成するということです。

この手法は、自然言語文章を回帰やクラスタリングなどの機械学習モデルで分析する前段階の処理として利用されます。

◆文章の分析手法

文章の意味合いベクトルデータとして扱うモデルについては、古くからさまざまな手法が考案されてきました。

古典的には、文章内に含まれる語彙リストから、文章における単語の出現頻度をカウントすることで作成されるTFベクトルや、出現回数による重み付けを行ったTF-IDFベクトルなどの手法が知られていました。

そんな中、2003年にデイビット・M・ブレイらによって発表された**Latent Dirichlet Allocation (LDA)**（https://mimno.infosci.cornell.edu/topics.html）と、2013年にトマス・ミコロフ、カイ・チェン、グレッグ・コラード、ジェフリー・ディーンによって発表された**Word2Vec**（https://arxiv.org/abs/1301.3781）はエポックメイキングとなり、それぞれさまざまな派生的手法を生み出しました。

例として、LDAからの派生としては、**Latent Semantic Indexing**（潜在意味インデックス、LSI）などの手法が、Word2Vecを利用した手法としてはCHAPTER 04でも紹介した**Sparse Composite Document Vectors**（https://dheeraj7596.github.io/SDV/、https://arxiv.org/pdf/1612.06778.pdf）などの手法が生み出されています。

その一方、直接、ニューラルネットワークを使用して教師なし学習を行う手法も存在しており、自然言語文章のような時系列データを扱える**Recurrent Neural Networks（RNN）**というニューラルネットワークを使用すれば、もとのデータとなる文章から、直接、教師なし学習によってベクトルデータを作成することができます。

RNNを使用した教師なし学習は、それ以外の手法に比べると計算時間がかかるという欠点がありますが、対象となる文章が比較的少ない場合には、有効な手法として利用することができます。

◉自然言語文章の分析手法

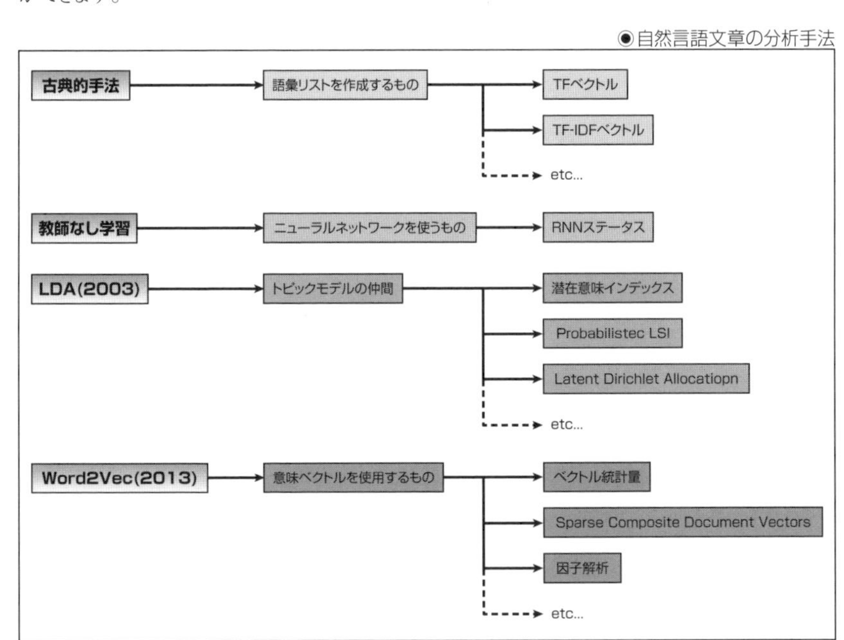

▶文章のベクトル空間へのマッピング

文章をベクトル空間へとマッピングするには、自然言語処理専用のライブラリと、一般的な機械学習アルゴリズムがあれば、ある程度の成果を出すこともできます。そのため、Apache MXNetのようなディープラーニングの汎用フレームワークを使用する必要は、必ずしもありません。

まずはApache MXNetを使用した手法との比較用として、それらのうちいくつかの手法について、簡単な動作原理と実際の実装コードを紹介することにします。

◆文章のベクトル化と次元削減

自然言語文章を分析する際には、対象となる文章を一定の次元数を持つベクトルデータへと変換することで、その次元数のベクトル空間へと文章をマッピングします。

それにより、文章に含まれている意味合いを数値データとして表現するのですが、その次元数は数十から数百次元と巨大なものになるため、次元削減の手法と組み合わせて、使いやすい次元数に変換しなければならない場合もあります。

ここでは、分析モデルの動作を可視化するために、分析後のベクトルデータを二次元へと変換し、それぞれの文章を散布図としてプロットします。

次元削減によって作成された座標には、必ずしも分析モデルが作成した(高次元の)ベクトルデータすべてが含まれてはいないですが、散布図上で文章の属するクラスの分布に一定の傾向が認められるならば、文章のクラスごとに異なる意味合いがベクトルデータ内に押し込まれているということになります。

●分析モデルの可視化

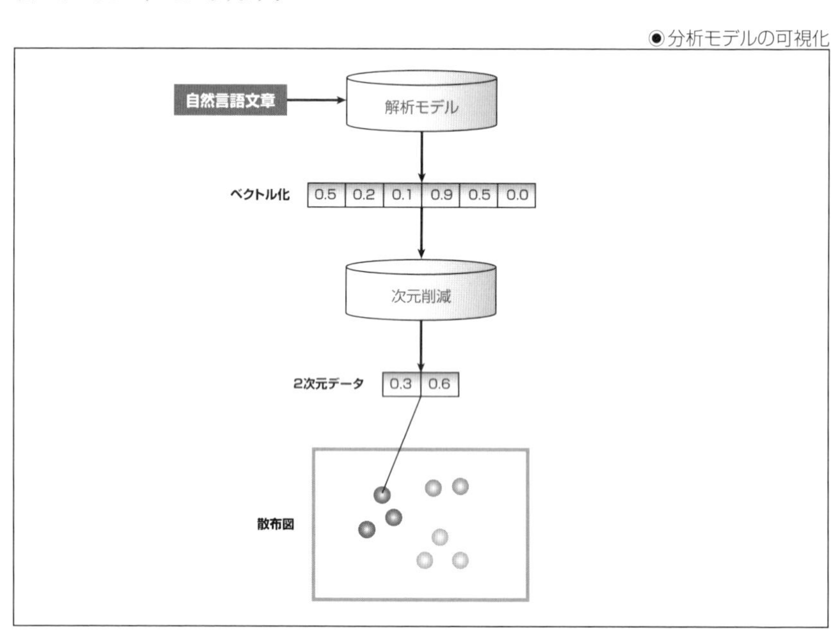

ここでは学習させるためのデータとして、前章で作成した「`train.csv`」を使用します。このファイルは「Wikipedia日英京都関連文書対訳コーパス」内の日本語の文章を、最長200単語分、単語IDのリストとして保存したものでした。

そのため、ファイルに含まれている単語はすべて数値の形式をしていますが、ここで紹介する手法では単語の区別が付くことのみが重要で、単語の表現については関係ないので、「`train.csv`」内の数値をそのまま単語として取り扱います。

また、作成される文章のベクトルデータは、64次元のベクトルとします。つまり、いったん64次元のベクトルデータを作成し、その後、そのデータを2次元へと次元削減して散布図を作成します。

◆Skip-Gramとは

文章のベクトルデータ化では、前述したWod2Vecやそこから派生した手法が多く使われます。Wod2Vecは、単語ベクトル辞書と呼ばれる辞書を作成し、文章内に含まれている単語のベクトル表現を作成します。

単語ベクトルとは、その名の通り文章中の単語をベクトル表現で表したもので、ベクトル空間内に単語を、関連性のある単語や類似した概念が共通のベクトル成分を持つようにマッピングしたものです。

●単語ベクトル

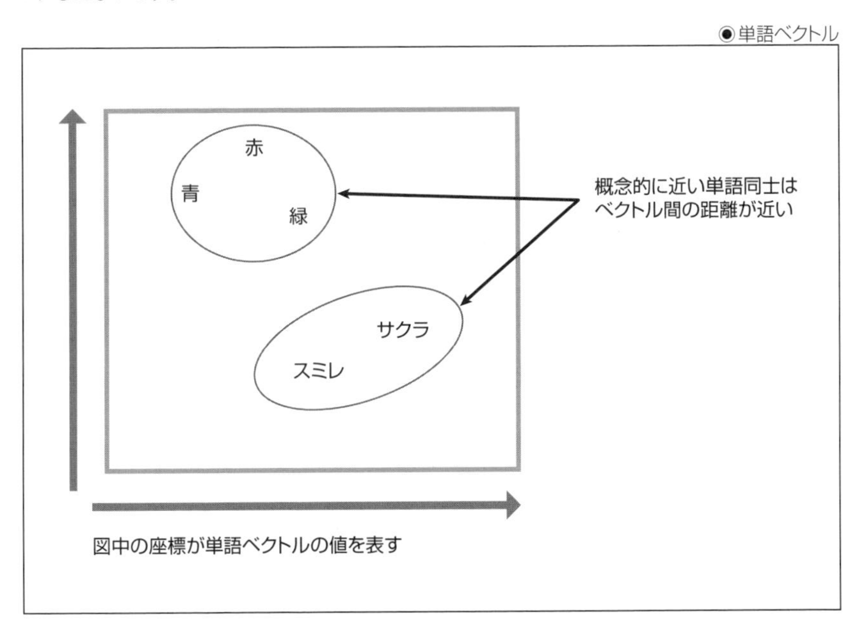

単語ベクトルを作成する手法にはいくつかの種類があるのですが、その中で代表的なアルゴリズムは「Skip-Gram」と呼ばれるもので、3層の全結合層からなるニューラルネットワークを使用したものです。

●Skip-Gram

現在の位置

入力文章 単語A 単語B 単語C 単語D 単語E 単語F 単語E 単語G 単語H

ウィンドウ [単語A 単語B 単語C 単語D 単語E]

ウィンドウ内の単語から現在の位置の単語を出力するモデル

入力層 ……
隠れ層
出力層 ……

入力に対する隠れ層の値が入力単語の単語ベクトル

上図はSkip-Gramの動作原理を表しています。Skip-Gramでは、入力される単語リストについて、一定の大きさを持つウィンドウを作成します。そして、現在の位置を移動させながら、ウィンドウ内に含まれている単語から現在の単語を予測するように、ニューラルネットワークを学習させます。そして、学習終了後の隠れ層の値を、入力単語に対する単語ベクトルとして扱います。

このアルゴリズムがなぜ目的にかなった動作をするのかという点は、経験則的な部分があって解明されていないのですが、ある程度の次元数を持つ隠れ層を作成すると、Skip-Gramによる単語ベクトルは、概ね納得できるような意味合いを持つ単語ベクトルを生成してくれます。

◆Sparse Composite Document Vectorsによる文章のベクトル化

ここではSparse Composite Document Vectorsによる文章ベクトル化の実装コードを紹介します。

まずは「train.csv」を読み込み、単語のリストに変換します。それには、「chapt06-sc.py」というファイルを作成して、次のコードを保存します。

SOURCE CODE chapt06-sc.pyのコード

```
# -*- coding: utf-8 -*-
import pandas as pd
import numpy as np

# データを読み込む
df = pd.read_csv('train.csv')
```

```
# 2番目以降の列が文章、最初の列がクラス
words = df.iloc[:,1:].values
clazz = df.iloc[:,0].values
# カテゴリを文字列からIDにする
def get_label(y):
  l_dict = {'BDS':0,'BLD':1,'CLT':2,'EPR':3,'FML':4,
       'GNM':5,'HST':6,'LTT':7,'PNM':8,'RLW':9,
       'ROD':10,'SAT':11,'SCL':12,'SNT':13,'TTL':14}
  return [l_dict[i] for i in y]
clazz = get_label(clazz)
```

次に、すべての単語に対する単語ベクトル辞書を作成するコードを作成します。単語ベクトル辞書には、FaceBookが作成した**FastText**（https://github.com/facebookresearch/fastText）という手法を使用しました。「FastText」はWord2Vecと同様の単語ベクトルを作成するための手法で、大規模なコーパスに対して高速に動作することが特徴です。

ここでは、Pythonの「gensim」ライブラリに含まれているFastTextの実装を利用しました。

SOURCE CODE chapt06-sc.pyのコード

```
# ベクトルの次元数
output_dim = 64
vec_size = 8
n_components = output_dim // vec_size

# 意味ベクトルを学習
from gensim.models.fasttext import FastText
texts = [list(map(str,w)) for w in words]
model = FastText(texts, min_count=1, size=vec_size)
```

そしてSparse Composite Document Vectorsを作成します。このコードはCHAPTER 04で作成したものとほぼ同様で、いったんすべての単語をベクトル化し、それらのベクトルを「MiniBatchKMeans」によってクラスタリングしたあと、各クラスタに属するベクトルを加算して合成することで、その文章を表すベクトルを作成します。

SOURCE CODE chapt06-sc.pyのコード

```
# クラスタリングする
from sklearn import cluster
kmean = cluster.MiniBatchKMeans(n_clusters=n_components)
all_data = []
for line in texts:
  all_data.extend([model[w] for w in line])
clusters = kmean.fit_predict(all_data)

# Sparse Composite Document Vectorsを作成
doc_vector = []
index = 0
```

```
for line in texts:
  vector = np.zeros(output_dim)
  for i in range(len(line)):
    # クラスタのインデックス×元の次元数
    cur_pos = clusters[index+i] * vec_size
    # 該当の場所にベクトルデータを加算
    vector[cur_pos:cur_pos+vec_size] += all_data[index+i]
  index += len(line)
  doc_vector.append(vector)
```

最後に、作成したベクトルデータを2次元に次元削減して、散布図を作成します。次元削減には単純な主成分分析を使用しました。

また、各クラスごとにベクトルデータの標準偏差を求め、その平均値を全体の標準偏差で割った値を、スコアとして表示するようにします。

これは、それぞれのクラス内のばらつきが、全体のばらつきに対して小さいほど、クラスごとにデータをまとめていると捉えられるので、値が小さいほど文章をクラス別に分離できているということになります。

SOURCE CODE ‖ chapt06-sc.pyのコード

```
# 2次元にする
from sklearn import decomposition
svd_truncator = decomposition.TruncatedSVD(n_components=2)
result = svd_truncator.fit_transform(doc_vector)

# 結果を散布図にして保存
import pandas as pd
import matplotlib.pyplot as plt
df_plot = pd.DataFrame({'x': result[:,0],'y': result[:,1], 'c':clazz})
df_plot.plot(kind='scatter', x='x', y='y', c=clazz, colormap='gnuplot')
plt.savefig('result-sc.png')
plt.clf()
# クラスごとの標準偏差を全体の標準偏差で割る
stds = df_plot.groupby('c').std().sum(axis=1)
score = stds.mean() / df_plot[['x','y']].std().sum()
print("score = %f"%score)
```

以上の内容をすべてつなげて実行すると、次のような散布図が作成されます。

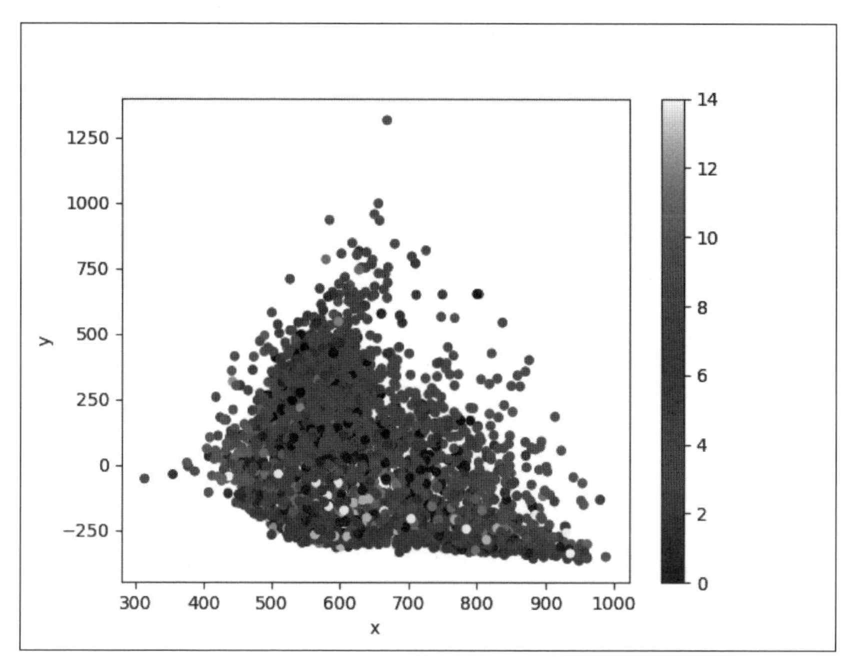

また、次のようにスコアの値が表示されます。

```
score = 0.781094
```

◆因子解析による文章のベクトル化

同じく単語の意味ベクトルを利用する手法でも、因子解析を行って文章のベクトル化を行う手法も存在します。

因子解析では、複数のベクトル群から、それらのベクトルに共通する因子となる成分を作成しますが、それを利用して、文章内に含まれているすべての単語ベクトルから、因子成分を作成し、その因子を文章の意味合いを表すベクトルデータとするものです。

因子解析を行うプログラムのうち、データを読み込む部分と結果を保存する部分はSparse Composite Document Vectorsのものと同様です。クラスタリングからSparse Composite Document Vectorsを作成する箇所を、因子解析から因子ベクトルを作成するように変更すれば、因子解析による文章ベクトル化のコードが完成します。

そのためのコードは、次のようになります。

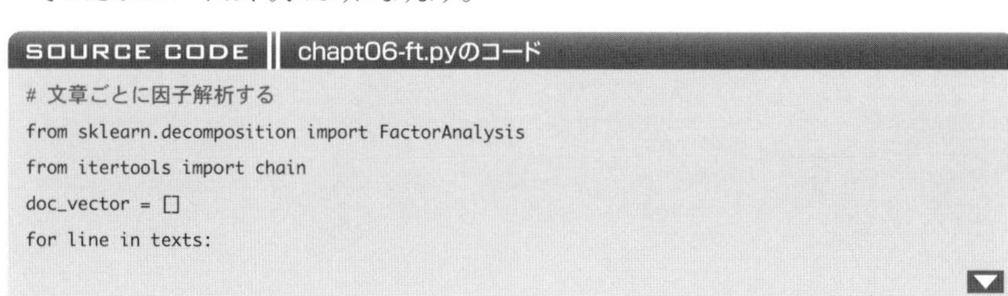
SOURCE CODE | chapt06-ft.pyのコード

```
# 文章ごとに因子解析する
from sklearn.decomposition import FactorAnalysis
from itertools import chain
doc_vector = []
for line in texts:
```

```
    wl = [model[w] for w in line]
    # 文章を因子解析
    clf = FactorAnalysis(n_components)
    clf.fit(wl)
    # 文章の因子ベクトルを取得
    vec1 = list(chain.from_iterable(clf.components_))
    doc_vector.append(vec1)
```

以上の内容をつなげて実行すると、次のような散布図が作成されます。

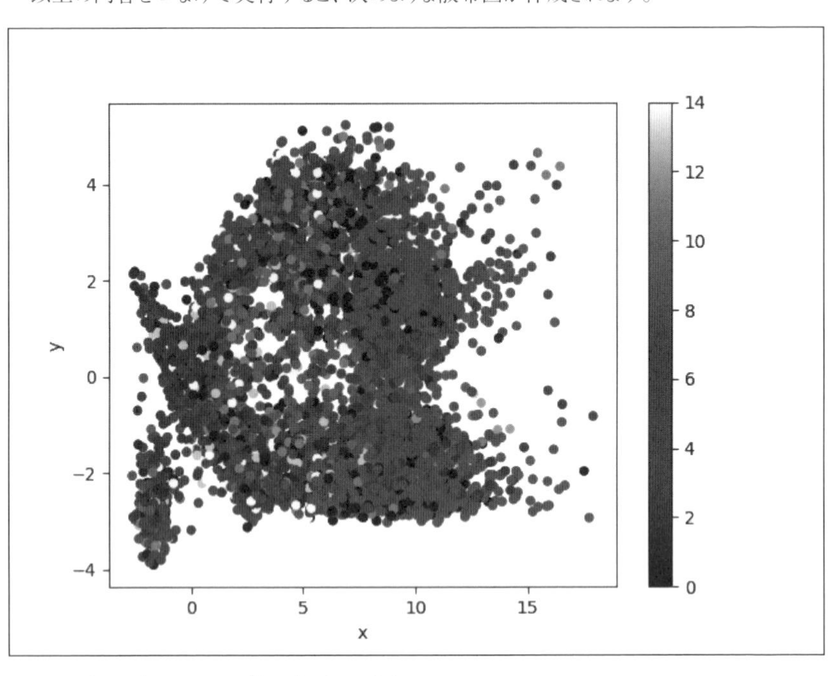

また、次のようにスコアの値が表示されます。

```
score = 0.881793
```

SECTION-017

RNNによる文章のベクトル化

先ほど紹介した「Sparse Composite Document Vectors」や因子解析による文章ベクトル化は、文章内に含まれている単語の語彙と数のみをもとにベクトル化を行う手法であり、文章内における単語の並び順については扱うことができません。

また、古典的手法であるTF-IDFベクトルなどもその点は同様で、文章中の単語の語彙と数が同じであれば、異なる並び順の単語であっても、同じベクトルデータが作成されてしまいます。

そこでここでは、時系列データを扱える**RNN**というニューラルネットワークを使用して、自然言語文章から直接、教師なし学習により、文章を特徴付けるベクトルデータを作成します。

RNNによる教師なし学習

RNNによる教師なし学習では、時系列データ内におけるデータの出現順も扱うことができるので、自然言語文章のみならず、さまざまな種類のデータ分析において有効な手法として使用することができます。

まずはRNNによる教師なし学習について簡単に解説をします。

◆RNNの仕組み

RNNとは基本的には、入力データと出力データのほかに、「現在のネットワークのステータス」と「更新されたネットワークのステータス」を入出力として持つニューラルネットワークのことです。

◉Recurrent Neural Networks(RNN)

Recurrentの名前の通り、RNNのステータスは、再帰的に入力して学習が可能なように作成されています。その性質を利用して、「ある入力に対する出力ステータス」を「次の入力に対する入力ステータス」としながらデータを次々と入力すれば、RNNステータスに過去の入力に対する情報を保存したまま、時系列データを取り扱うことが可能になります。

●時系列データの学習

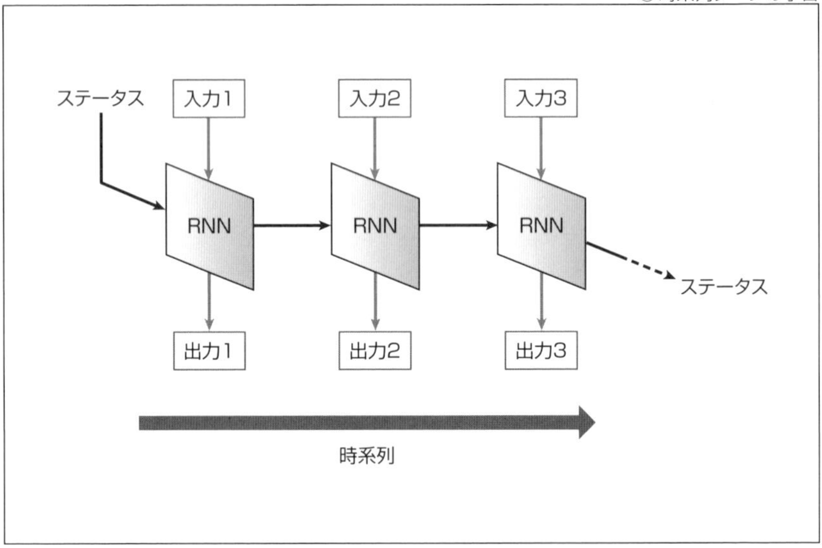

実際には、単純な実装によるRNNでは、長い時系列データを学習させると誤差勾配が消失してしまうので、その問題を解消したLSTMやGRUといった層を含んだニューラルネットワークが利用されます。

◆ステータスを抽出する

さて、ではRNNを使用して時系列データを教師なし学習する手法について紹介します。

RNNによる教師なし学習も、基本的にはCHAPTER 04で紹介したオートエンコーダーと同じ発想からなっており、入力されるデータと同じデータが出力されるようにニューラルネットワークを学習させます。

そして、入力の場所と出力の場所の間に、必ずある次元数のベクトルデータが作成されるようにニューラルネットワークを設計すると、学習後のニューラルネットワークにおけるその場所からデータを取り出すことで、多様体学習が可能になります。

自然言語文章のような時系列データではデータの長さが不定なので、入力の前半部分と出力の後半部分に文章データが含まれるようにすると、前半部分から後半部分へと情報を伝達するRNNのステータス内に、入力されたデータの情報が押し込められることになります。

●RNNによる教師なし学習

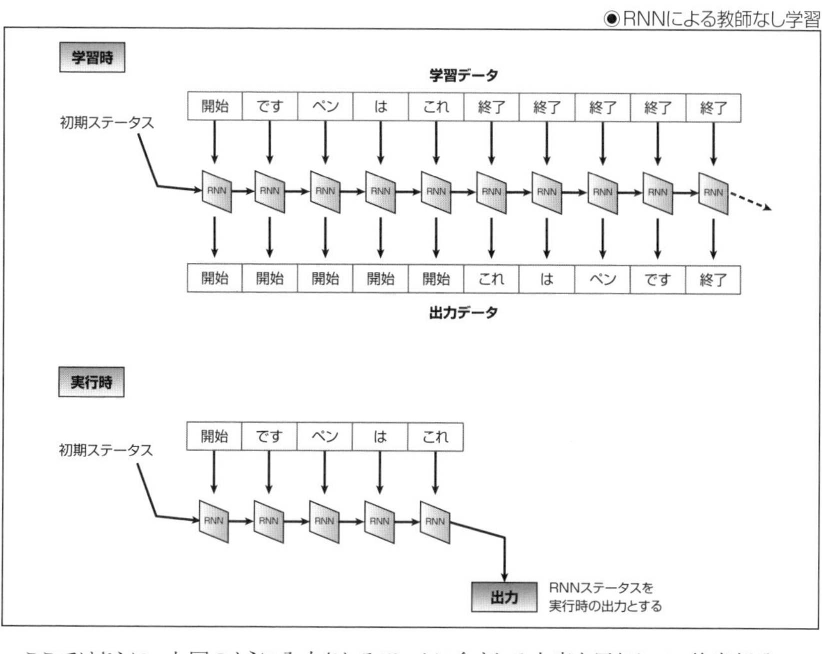

ここではさらに、上図のように入力されるデータに含まれる文章を反転して、後半部分へのステータスの引き継ぎが、より近づくように工夫してあります。

学習コードの作成

それでは実際にRNNによる教師なし学習を行い、自然言語文章をベクトルデータ化するプログラムを作成します。ここでも先ほどと同様に、前章で作成した「`train.csv`」の内容を学習させることにします。

まずは「`chapt06-1.py`」という名前のファイルを作成し、次の内容を保存します。

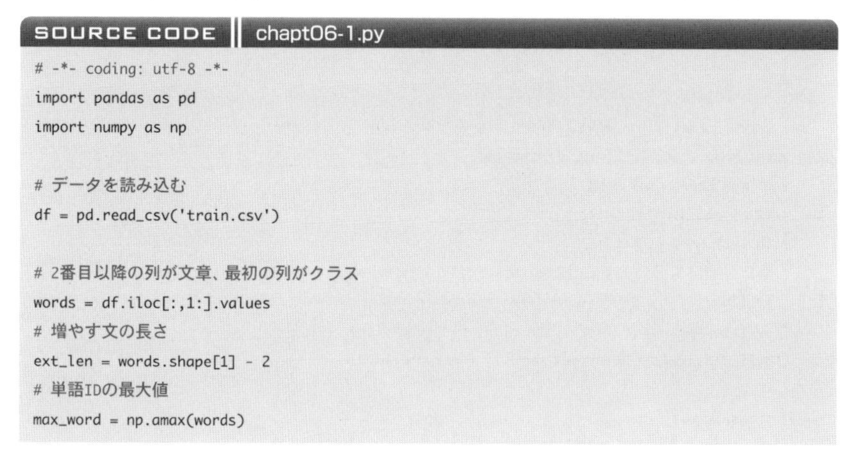

SOURCE CODE | chapt06-1.py

```
# -*- coding: utf-8 -*-
import pandas as pd
import numpy as np

# データを読み込む
df = pd.read_csv('train.csv')

# 2番目以降の列が文章、最初の列がクラス
words = df.iloc[:,1:].values
# 増やす文の長さ
ext_len = words.shape[1] - 2
# 単語IDの最大値
max_word = np.amax(words)
```

◆入力データの作成

次に、ニューラルネットワークに入力されるデータと、正解となる出力データを作成します。これは163ページの図のように、入力値の前半部分に反転した文章を、後半部分にもとの文章を配置した配列データとなります。

バッチ処理の都合から、実際の入力データではデータ長が同じである必要があるので、文章の長さが異なっている分は、開始文字と終了文字を使ってパディングします。パディング処理については「train.csv」を作成したときにすでになされているので、ここで改めて行うことはありません。

SOURCE CODE chapt06-1.pyのコード

```
# 逆順の文+開始文字のリスト
X = [np.append(np.flip(x, axis=0), [max_word+1]*ext_len) for x in words]
# 開始文字のリスト+正順のリスト
Y = [np.append([max_word+1]*ext_len, x) for x in words]

# Apache MXNetのデータにする
from mxnet import nd
X = nd.array(X)
Y = nd.array(Y)
```

◆Gluonのモデルを作成する

次に、GluonのAPIを使用してニューラルネットワークのモデルを作成します。ここではニューラルネットワークを定義するクラスを作成して、RNNを扱うようにしました。

まずは「chapt06model.py」という名前のファイルを作成して、次の内容を保存します。

SOURCE CODE chapt06model.pyのコード

```
# -*- coding: utf-8 -*-
from mxnet import nd
from mxnet import ndarray as F
from mxnet.gluon import Block, nn, rnn
from mxnet.initializer import Uniform

class Model(Block):
  def __init__(self, max_word, hidden_size, **kwargs):
    super(Model, self).__init__(**kwargs)
    self.max_word = max_word
    self.hidden_size = hidden_size
    with self.name_scope():
      self.embed = nn.Embedding(max_word+2, hidden_size)
      self.rnn   = rnn.GRU(hidden_size, num_layers=1)
      self.dense1 = nn.Dense(hidden_size, flatten=False)
      self.dense2 = nn.Dense(max_word+2, flatten=False)

  def forward(self, x):
    # ここにRNNの順伝播を作成する
```

CHAPTER 06 自然言語文章の分析

作成するRNNは、GRUという層を1つ含んでおり、この層がステータスを持つRNNとしての階層になります。GluonのAPIを使用したGRU層は、1つのクラス内に複数のRNNの層を含むことができます。ここでは「num_layers=1」として1層のRNNを含むようにしています。

また、離散データである単語の入力を受け付けるためのEmbeddingが一層と、隠れ層としてGRNの入力と出力に対してDense層を一層ずつ追加しています。

◉作成するネットワークのモデル

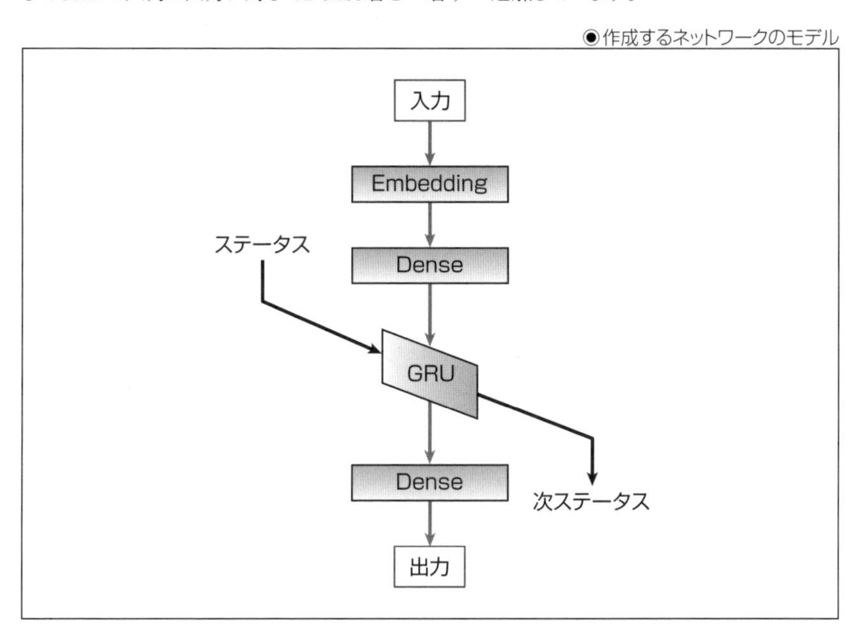

このニューラルネットワークのモデルは、単語1つに対して1つの出力を返すように作成されます。実際には文章は複数の単語からなっているので、その単語の数だけニューラルネットワークの実行が繰り返されることになります。

ニューラルネットワークに対する順伝播を行うためのコードは、次のようになります。

SOURCE CODE || chapt06model.pyのコード

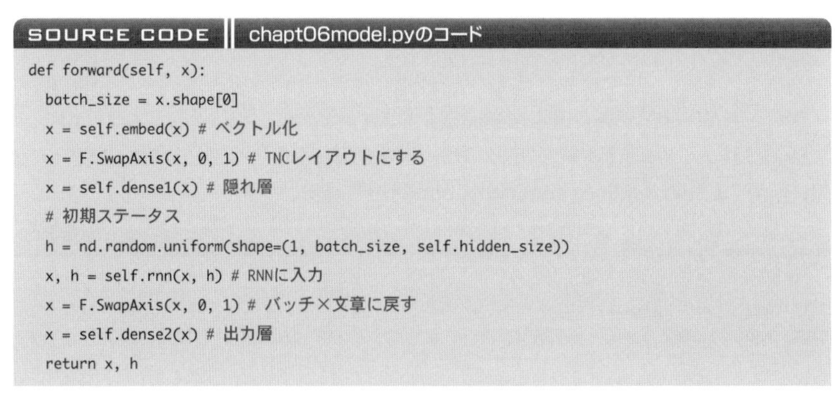

```
def forward(self, x):
  batch_size = x.shape[0]
  x = self.embed(x) # ベクトル化
  x = F.SwapAxis(x, 0, 1) # TNCレイアウトにする
  x = self.dense1(x) # 隠れ層
  # 初期ステータス
  h = nd.random.uniform(shape=(1, batch_size, self.hidden_size))
  x, h = self.rnn(x, h) # RNNに入力
  x = F.SwapAxis(x, 0, 1) # バッチ×文章に戻す
  x = self.dense2(x) # 出力層
  return x, h
```

前ページのコードでは、バッチサイズ分の文章をEmbedding層でベクトル化したあと、Apache MXNetのRNNが受け付ける、「**単語数×文章×単語ベクトル**」レイアウトの配列へと、配列の軸を変換してあります。

そのあとにあるDense層は、「`flatten=False`」オプションを付けて作成されているので、文章内のそれぞれの単語ベクトルに対して個別に実行されるように動作します。そして、RNNの初期ステータスを乱数で作成し、ステータスとデータをRNNへ伝播させます。

最後に隠れ層の出力と、最終的なステータスを返せば、ニューラルネットワークのモデルが完成します。

◆機械学習を実行する

ニューラルネットワークのモデルが完成したら「`chapt06-1.py`」へと戻り、ニューラルネットワークを学習させるためのコードを作成します。

まずは次のようにニューラルネットワークのモデルを作成します。

ニューラルネットワークに含まれるRNNのニューロン数×RNN内のステータスの数が、作成されるベクトルデータの次元数となります。RNN内のステータスの数は、GRU層の場合はRNNの層数×1、LSTMの場合は層数×2(ステータスと内部メモリ)となります。

ここでは、RNN内のステータスの数は1なので、RNNのニューロン数(および隠れ層のニューロン数)を「64」に指定し、64次元のベクトルデータを作成するようにします。

SOURCE CODE | chapt06-1.pyのコード

```
# Apache MXNetを使う準備
from mxnet import autograd
from mxnet import cpu
from mxnet.gluon import Trainer
from mxnet.gluon.loss import SoftmaxCrossEntropyLoss

# モデルをインポートする
import chapt06model

# モデルを作成する
model = chapt06model.Model(max_word, 64)
model.initialize(ctx=[cpu(0),cpu(1),cpu(2),cpu(3)])
```

次に、学習アルゴリズムと損失関数を選択します。学習アルゴリズムはこれまでと同じくAdamを選択し、ニューラルネットワークの出力が単語IDとなるため、損失関数にはクラス分類に使用する`SoftmaxCrossEntropyLoss`を使用します。

SOURCE CODE | chapt06-1.pyのコード

```
# 学習アルゴリズムを設定する
trainer = Trainer(model.collect_params(),'adam')
loss_func = SoftmaxCrossEntropyLoss()
```

実際の学習コードはこれまでの章とほぼ同じですが、ニューラルネットワークからの出力にステータスが含まれている点と、学習途中で進捗状況を表示するようにしてある点が異なります。

SOURCE CODE chapt06-1.pyのコード

```
# 機械学習を開始する
import sys
print('start training...')
batch_size = 15
epochs = 30
loss_n = [] # ログ表示用の損失の値
for epoch in range(1, epochs + 1):
  # ランダムに並べ替えたインデックスを作成
  indexs = np.random.permutation(X.shape[0])
  cur_start = 0
  while cur_start < X.shape[0]:
    # ランダムなインデックスから、バッチサイズ分のウィンドウを選択
    cur_end = (cur_start + batch_size) if (cur_start + batch_size) < X.shape[0] else X.shape[0]
    data = X[indexs[cur_start:cur_end]]
    label = Y[indexs[cur_start:cur_end]]
    # ニューラルネットワークを順伝播
    with autograd.record():
      output, status = model(data)
      loss = loss_func(output, label)
      # ログ表示用に損失の値を保存
      loss_n.append(np.mean(loss.asnumpy()))
      sys.stdout.write('%d / %d\r'%(cur_start,X.shape[0]))
    # 損失の値から逆伝播する
    loss.backward()
    # 学習ステータスをバッチサイズ分進める
    trainer.step(batch_size, ignore_stale_grad=True)
    cur_start = cur_end
  # ログを表示
  ll = np.mean(loss_n)
  print('%d epoch loss=%f...'%(epoch,ll))
  loss_n = []
```

最後に、学習結果となるニューラルネットワークのモデルを保存します。

SOURCE CODE chapt06-1.pyのコード

```
# 学習結果を保存
model.save_params('chapt06.params')
```

◆最終的なコード

以上の内容をすべてつなげると、RNNによる教師なし学習を行うためのプログラムが完成します。最終的なコードは次のようになります。

SOURCE CODE | chapt06-1.pyのコード

```
# -*- coding: utf-8 -*-
import pandas as pd
import numpy as np

# データを読み込む
df = pd.read_csv('train.csv')

# 2番目以降の列が文章、最初の列がクラス
words = df.iloc[:,1:].values
# 増やす文の長さ
ext_len = words.shape[1] - 2
# 単語IDの最大値
max_word = np.amax(words)

# 逆順の文+開始文字のリスト
X = [np.append(np.flip(x, axis=0), [max_word+1]*ext_len) for x in words]
# 開始文字のリスト+正順のリスト
Y = [np.append([max_word+1]*ext_len, x) for x in words]

# Apache MXNetのデータにする
from mxnet import nd
X = nd.array(X)
Y = nd.array(Y)

# Apache MXNetを使う準備
from mxnet import autograd
from mxnet import cpu
from mxnet.gluon import Trainer
from mxnet.gluon.loss import SoftmaxCrossEntropyLoss

# モデルをインポートする
import chapt06model

# モデルを作成する
model = chapt06model.Model(max_word, 64)
model.initialize(ctx=[cpu(0),cpu(1),cpu(2),cpu(3)])

# 学習アルゴリズムを設定する
trainer = Trainer(model.collect_params(),'adam')
loss_func = SoftmaxCrossEntropyLoss()

# 機械学習を開始する
```

```
import sys
print('start training...')
batch_size = 15
epochs = 30
loss_n = [] # ログ表示用の損失の値
for epoch in range(1, epochs + 1):
  # ランダムに並べ替えたインデックスを作成
  indexs = np.random.permutation(X.shape[0])
  cur_start = 0
  while cur_start < X.shape[0]:
    # ランダムなインデックスから、バッチサイズ分のウィンドウを選択
    cur_end = (cur_start + batch_size) if (cur_start + batch_size) < X.shape[0] else X.shape[0]
    data = X[indexs[cur_start:cur_end]]
    label = Y[indexs[cur_start:cur_end]]
    # ニューラルネットワークを順伝播
    with autograd.record():
      output, status = model(data)
      loss = loss_func(output, label)
      # ログ表示用に損失の値を保存
      loss_n.append(np.mean(loss.asnumpy()))
      sys.stdout.write('%d / %d\r'%(cur_start,X.shape[0]))
    # 損失の値から逆伝播する
    loss.backward()
    # 学習ステータスをバッチサイズ分進める
    trainer.step(batch_size, ignore_stale_grad=True)
    cur_start = cur_end
  # ログを表示
  ll = np.mean(loss_n)
  print('%d epoch loss=%f...'%(epoch,ll))
  loss_n = []

# 学習結果を保存
model.save_params('chapt06.params')
```

このプログラムを実行すると、次のようにログが表示されて学習が進みます。

```
$ python3 chapt06-1.py
start training...
1 epoch loss=3.421811...
2 epoch loss=2.624621...
3 epoch loss=2.545875...
945 / 9877
```

30エポック分学習が進むと学習が終了し、「chapt06.params」という名前のファイルが作成されます。なお、RNNの学習には大量の計算が必要となるため、このプログラムの実行にはかなり長い時間が必要になります。実際には5〜10エポック分も学習させれば、そこそこの結果が出力されるので、学習時間を短縮したい場合は学習回数を調整してください。

文章のベクトル化

学習が終了したら、保存されたモデルを使用して実際に自然言語文章をベクトルデータ化します。

まずは、この章の始めで紹介した「Sparse Composite Document Vectors」による実装コードと同じようにして、「train.csv」を読み込みます。その後、実際に学習済みネットワークモデルを読み込んで実行しますが、そのためのコードは次のようになります。

SOURCE CODE | chapt06-2.pyのコード

```
# 逆順の文
X = [np.flip(x, axis=0) for x in words]

# Apache MXNetのデータにする
from mxnet import nd
X = nd.array(X)

# モデルをインポートする
from mxnet import cpu
import chapt06model

# モデルを作成する
model = chapt06model.Model(max_word, 64)
model.load_params('chapt06.params', ctx=[cpu(0),cpu(1),cpu(2),cpu(3)])
# モデルを実行する
output, status = model(X)
```

◆RNNのステータスを取得する

学習の際には、ニューラルネットワークの出力のみを使用してステータスは利用していませんでしたが、ここでは逆に、ステータスのみを利用してニューラルネットワークの出力は使用しません。

上記のコードが実行された後に「status」変数が保持しているのは、GRU層から取得するRNNのステータスです。この変数はリストであり、GRU層に含まれているRNNの層の数分だけステータスが含まれています。また、GRUでは1つのRNNの層には、1つだけステータスが含まれます。

ここで作成したニューラルネットワークでは、1層のRNNを含むGRU層を使用しているので、次のようにすれば、RNNのステータスをベクトルデータのリストとして取得することができます。

SOURCE CODE | chapt06-2.pyのコード

```
# ステータスを取得
doc_vector = status[0].asnumpy()[0]
```

◆最終的なコード

取得したベクトルデータは、「Sparse Composite Document Vectors」による実装コードと同じように主成分分析によって2次元データとし、散布図を作成します。

それらの内容をつなげると、最終的に自然言語文章をベクトルデータ化するためのコードは次のようになります。

SOURCE CODE | chapt06-2.pyのコード

```
# -*- coding: utf-8 -*-
import pandas as pd
import numpy as np

# データを読み込む
df = pd.read_csv('train.csv')

# 2番目以降の列が文章、最初の列がクラス
words = df.iloc[:,1:].values
clazz = df.iloc[:,0].values
# カテゴリを文字列からIDにする
def get_label(y):
  l_dict = {'BDS':0,'BLD':1,'CLT':2,'EPR':3,'FML':4,
      'GNM':5,'HST':6,'LTT':7,'PNM':8,'RLW':9,
      'ROD':10,'SAT':11,'SCL':12,'SNT':13,'TTL':14}
  return [l_dict[i] for i in y]
clazz = get_label(clazz)

# 単語IDの最大値
max_word = np.amax(words)

# 逆順の文
X = [np.flip(x, axis=0) for x in words]

# Apache MXNetのデータにする
from mxnet import nd
X = nd.array(X)

# モデルをインポートする
from mxnet import cpu
import chapt06model

# モデルを作成する
model = chapt06model.Model(max_word, 64)
model.load_params('chapt06.params', ctx=[cpu(0),cpu(1),cpu(2),cpu(3)])
# モデルを実行する
output, status = model(X)

# ステータスを取得
```

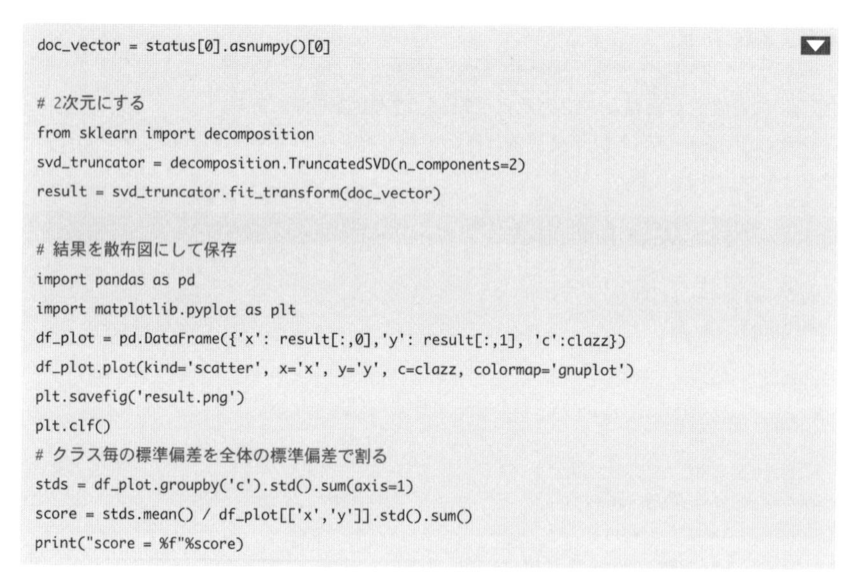

```
doc_vector = status[0].asnumpy()[0]

# 2次元にする
from sklearn import decomposition
svd_truncator = decomposition.TruncatedSVD(n_components=2)
result = svd_truncator.fit_transform(doc_vector)

# 結果を散布図にして保存
import pandas as pd
import matplotlib.pyplot as plt
df_plot = pd.DataFrame({'x': result[:,0],'y': result[:,1], 'c':clazz})
df_plot.plot(kind='scatter', x='x', y='y', c=clazz, colormap='gnuplot')
plt.savefig('result.png')
plt.clf()
# クラス毎の標準偏差を全体の標準偏差で割る
stds = df_plot.groupby('c').std().sum(axis=1)
score = stds.mean() / df_plot[['x','y']].std().sum()
print("score = %f"%score)
```

上記のプログラムを実行すると、次のような散布図が作成されます。

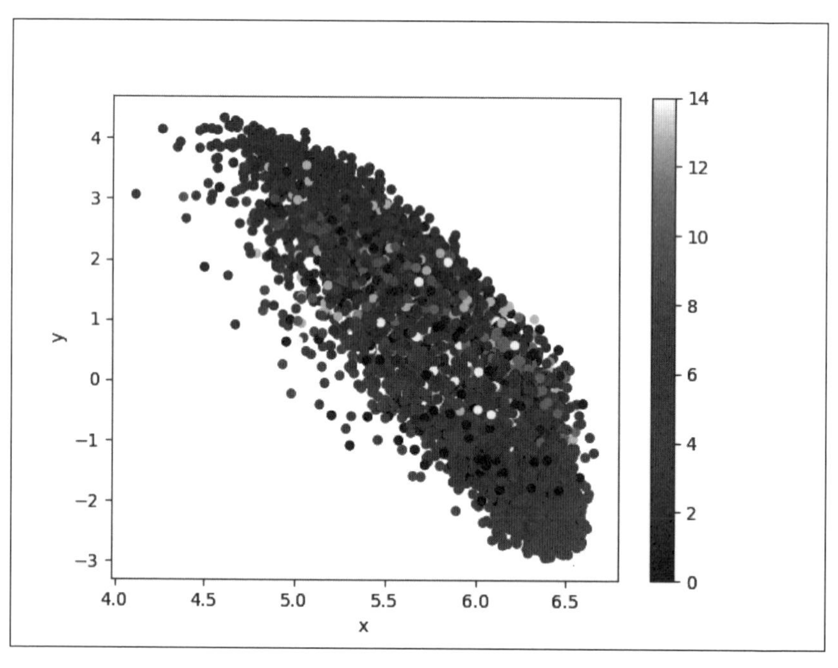

また、次のようにスコアの値が表示されます。

```
score = 0.569615
```

RNNによる教師なし学習で作成したベクトルデータの方が、「Sparse Composite Document Vectors」や因子解析による文章ベクトル化よりも、スコアの値が小さい(クラスごとのベクトルのばらつきが全体のばらつきに対して小さい)ことがわかります。

COLUMN

動作原理vs経験則

CHAPTER 06で紹介した、Skip-Gramによる単語ベクトル辞書は、作成者自身が驚くほど有用な成果をもたらし、自然言語解析の手法にエポックメイキングをもたらしました。

それはいいのですが、ではなぜ、このSkip-Gramがそれほど良い結果を出してくれるのかというと、実はよくわかっていないというのが現状です。

その理由としては、自然言語解析では、分析対象となる文章データが、数学的に定義可能なデータではないため、そもそも動作原理の解明が難しいという点が挙げられます。自分の話す母国語を、なぜ自分は理解しているのか、明確な理論で証明できる人間がいない以上、自然言語解析の分野では経験則的なモデルに頼らざるを得ない面があります。

実はビッグデータ分析の領域では、そのような経験則的に作られたモデルが数多くあります。また、アルゴリズム自体は数学的な動作原理に基づいて作成されていても、肝心のデータに対する解釈の部分で、経験則的なモデルによる解釈を用いている場合もあり、現実のデータを解析する場合の困難点ともなっています。

ディープラーニングをはじめとした機械学習アルゴリズムでは、多くの場合、高度な数学に基づくモデルが使用されますが、結局のところ、厳密に確率論に従うことがわかっているデータや、数学的に定義可能なデータを解析するのでない限り、データの解釈という問題がつきまとうことになるので、現実世界のデータを分析する場合には、あまり厳密に動作原理を追い求めても仕方がない面があります。

CHAPTER 07

画像に対する類似学習

SECTION-018

Deep Metric Learning

本書にはこれまで登場しませんでしたが、ニューラルネットワークは画像データに対する機械学習と相性が良く、画像の認識や分類といった課題に対して高い能力を持つことが知られています。

特に画像認識の分野ではすでに人間の能力を超えたとさえ言われていますが、ニューラルネットワークは単なる画像の分類だけではなく、画像の持っている特徴をデータ分析できるような形で抽出する能力にも秀でています。

この章では、単純な画像の分類ではなく、画像の持っている特徴をもとに、画像間の類似性を求めるニューラルネットワークを作成します。

この章で扱う課題

この章では、さまざまな種類の果物の画像からなるデータセットを使用します。

この章で使用するのは、Horea氏がGitHubで公開している「Fruit-Images-Dataset」(https://github.com/Horea94/Fruit-Images-Dataset)というデータセットです。

このデータセットは、60種類の果物に対して、さまざまな角度から撮影した写真を、背景を切り出して保存したもので、学習用のデータ28736枚と、テスト用のデータ9673枚からなっています。

●Fruit-Images-Dataset

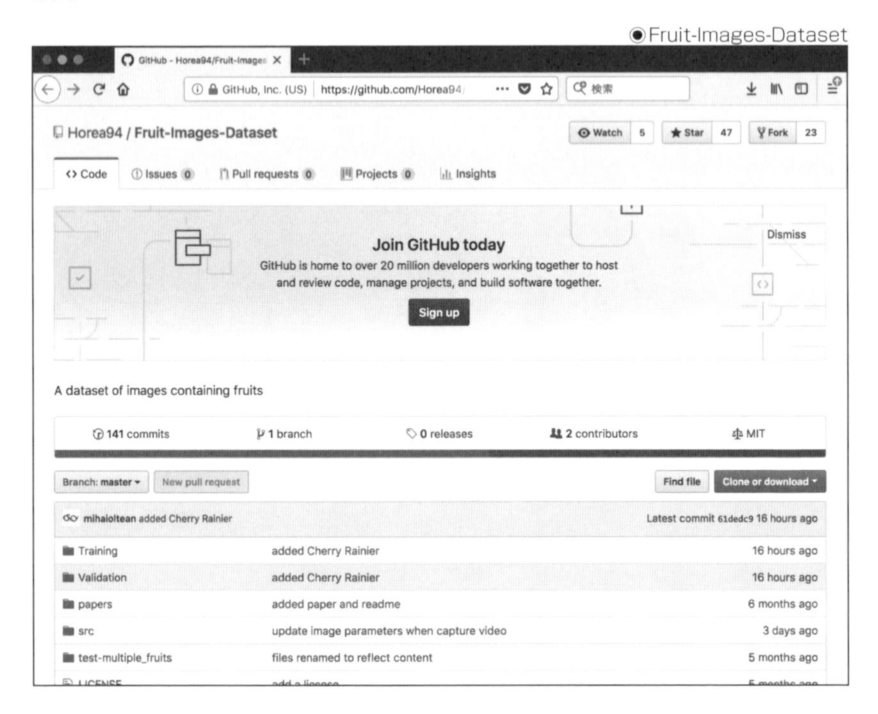

この章で作成するニューラルネットワークの目的としては、それぞれの果物間の類似度合いを算出して、「似たような外見の果物」や「異なっている外見の果物」といった判定を行うことになります。

このような学習は、CHAPTER 04で紹介した次元削減や、CHAPTER 06で紹介したベクトル空間へのマッピングとも密接な関係があります。

つまり、入力となる高次元のデータ(この章では画像)を、低次元のベクトルデータへとマッピングして、その低次元の空間内での距離や位置関係でもとのデータ間の関係性を扱うという意味では、同じ目的を持った技術です。

しかし、この章で扱うニューラルネットワークは、教師なし学習であるオートエンコーダーではなく、クラス分類の情報を利用した類似学習となります。

◆データのダウンロード

まずは、次のコマンドを使用してGitHubから「Fruit-Images-Dataset」のプロジェクトをダウンロードします。

```
$ git clone https://github.com/Horea94/Fruit-Images-Dataset.git
```

するとプロジェクトのコードがダウンロードされ、ダウンロードディレクトリ内の「`Training`」と「`Validation`」という名前のディレクトリ内に、データセットの画像ファイルが作成されます。

また、「`src`」以下にはTensorflowによる画像認識ニューラルネットワークのプログラムコードがありますが、この章では画像認識ではなく類似学習を行うので、このプログラムコードは使用しません。

◆畳み込みニューラルネットワークとは

この章では画像データを扱うので、画像のような2次元データを扱うニューラルネットワークについて、簡単に紹介をします。

一般的にニューラルネットワークで画像データを扱う場合は、畳み込みニューラルネットワークと呼ばれる種類のニューラルネットワークが使用されます。1次元の畳み込みニューラルネットワークについてはCHAPTER 05で紹介しましたが、画像のような2次元のデータに対しては、2次元の畳み込みニューラルネットワークが使用されます。

2次元の畳み込みニューラルネットワークでは次の図のように、カーネルサイズ(フィルタサイズ)という小さな区画を、入力データ内でスライドさせながら、出力データを作成します。

●2次元畳み込みニューラルネットワーク

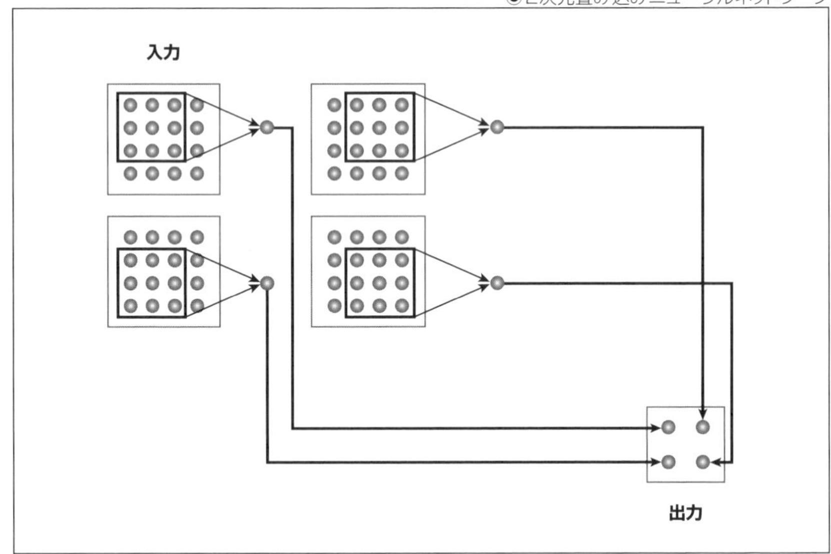

カーネルから出力データを作成する箇所では、入力値に学習パラメーターによる重みを付けてニューラルネットワークの演算を行います。そして、そのような層を畳み込み層と呼びます。

また、カーネルから出力データを作成する際に、単純に入力データから最大値または平均値を出力するプーリング層と呼ばれる層も存在しています。

プーリング層には畳み込み層と異なり、学習パラメーターは存在しませんが、畳み込み層と一緒にニューラルネットワークの階層として使用されます。

◆Batch Normalizationとは

この章で作成するニューラルネットワークでは、畳み込み層のほかにBatch Normalizationという技術を使用するので、Batch Normalizationについても解説をします。

Batch Normalizationとは、セルゲイ・ヨッフェとクリスチャン・セゲディが提案した技術(https://arxiv.org/abs/1502.03167)で、不安定なニューラルネットワークの学習を、より安定的に行えるようにするためのものです。

そもそもApache MXNetでは、ニューラルネットワークの実行はバッチ処理を前提にしており、ミニバッチとして複数のデータを同時に処理するようにできています。

Batch Normalizationとは、ニューラルネットワークへ入力されるデータに対して、ミニバッチ内で値の正規化を行う処理のことです。

次ページに、Batch Normalizationを使用した場合と、使用しなかった場合の学習の進展のグラフ(学習回数に対する損失の値)を例として掲載します。

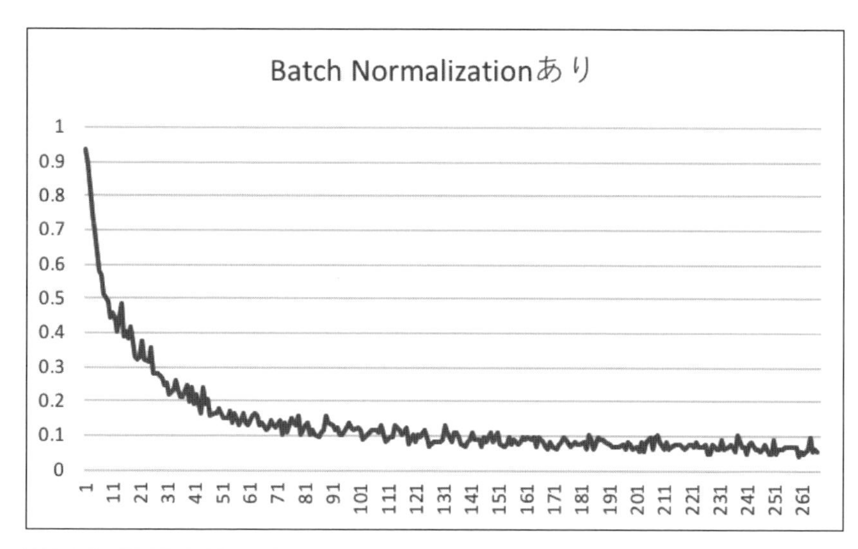

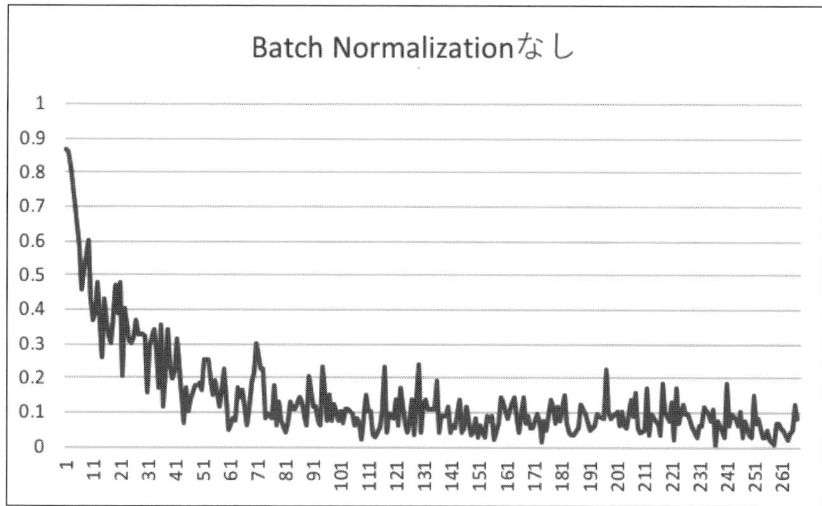

この例では、Batch Normalizationのある・なしにかかわらずに学習そのものは進展していますが、Batch Normalizationを使用した場合の方が、学習ごとの損失の値の振れ幅が小さくなっていることがわかります。

この、学習ごとの損失の値の振れ幅は、それぞれのミニバッチに対してどれだけ異なる学習勾配が作成されたかを表すものなので、もしもあまりに振れ幅が大きくなると、ミニバッチごとに異なるパラメーターが学習されてしまい、いつまでたっても学習が進展しなかったり、学習の収束が悪くなったりしてしまいます。

そこで、Batch Normalizationを使用することで、ニューラルネットワーク内部のデータに対して、異なる入力データ間で正規化を行い、学習勾配が局所的に極端な値を取ることを防いでいるのです。

類似学習と距離学習

CHAPTER 02で紹介したような、入力されたデータをいくつかの分類へ対応させる問題をクラス分類と呼びますが、クラス分類ではその出力はあくまで離散的な値であって、各クラス間に存在するかもしれない対応については扱うことができません。

◆Similarity Learning

例として、下図のように果物の画像を分類するニューラルネットワークを作成した場合、同じ「リンゴの種類」であっても、異なるクラスとして学習させたならば、「Apple Braeburn」も「Apple Red1」も「APple Red Delicious」(それぞれリンゴの品種を表しています)も、「Banana」や「Raspberry」と同じく、1つのクラスであり、それらがどの程度「似ているか」はクラス分類からは判断できません。

●クラス分類

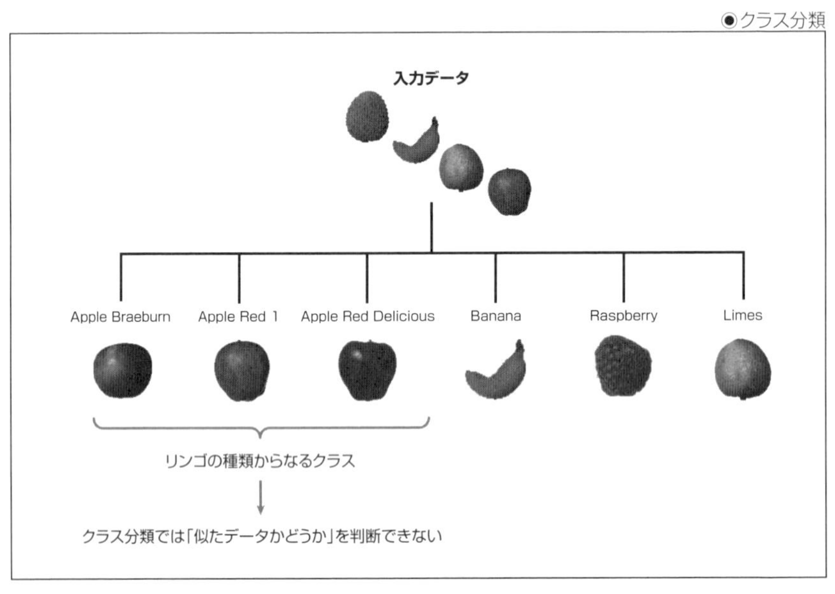

そこで登場するのが、**Similarity Learning**あるいは**類似学習**と呼ばれる機械学習の手法です。Similarity Learningでは、入力データの類似度合いを学習することで、データが「どの位似ているか」を判断することができます。

次ページの図は、Similarity Learningの1つである**Metric Learning**の概念を表しています。

◉Metric Learning

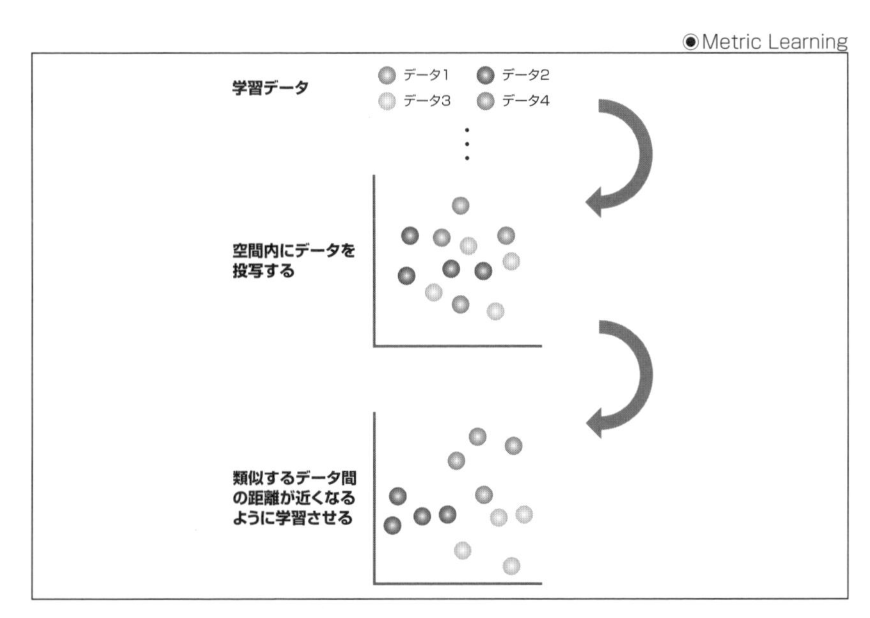

Metric Learningは距離学習とも呼ばれ、入力に対する出力データを一定の次元数を持つ空間にマッピングし、その空間内での出力間の距離を学習することで、データの類似性を扱います。

つまり、空間内の距離が近いものほど、お互いの類似性が高く、空間内の距離が遠いものほどお互いの類似性が低いものとして、空間内の距離を類似性を表すデータとして扱えるようにするのです。

◉Classification Similarity Learning

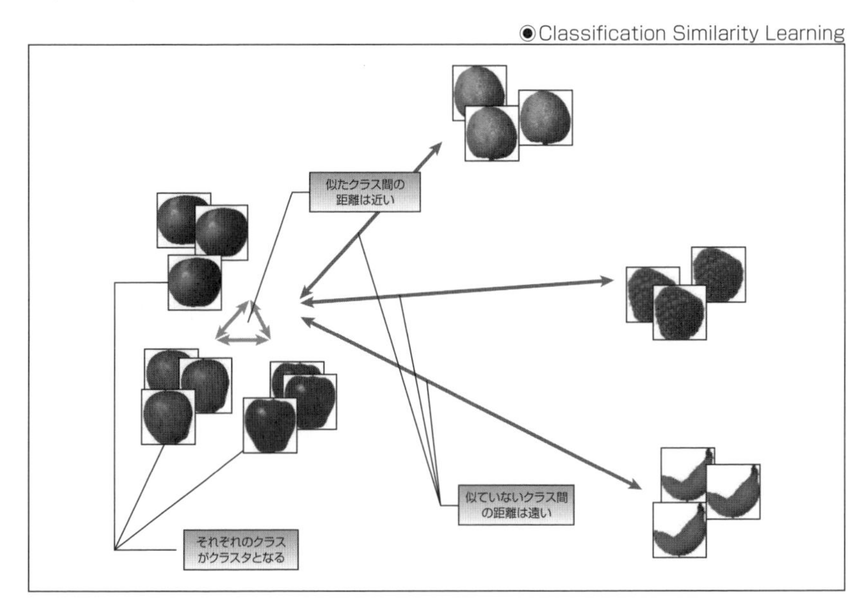

Metric Learningを行うための手法はいくつか存在しており、クラス分類や回帰の問題とも密接に関係しています。

この章で扱うデータセットのように、学習データに対するクラス分類が存在しているときには、Classification Similarity Learningといって、クラス分類をもとにした学習を行います。この学習では、同じクラスに属するデータは類似度が高く(距離0)、異なるクラスに属するデータは類似度が低いものとして、同一のクラスが空間内の同じ位置にマッピングされるような学習を行います。

つまり、学習後のモデルは、理想的には常に「同一クラスに属するデータ間の距離<異なるクラスに属するデータ間の距離」となるような出力を行います。

◆Triplet lossによる学習

ニューラルネットワークに対してMetric Learningを行うには、データ間の距離を数値化する損失関数が必要になります。

そのためによく利用されるのが、**Triplet loss**と呼ばれる損失関数です。このTriplet lossは、フロリアン・シュロフ、ドミトリー・カレニチェンコ、ジェームス・フィルビンが発表した、**FaceNet**(https://arxiv.org/abs/1503.03832)という類似顔画像の検出用ニューラルネットワークで使用されました。

Triplet lossによる学習では、**anchorデータ**を基準として、同一クラスに属する(または類似度が高いとわかっている)データを**positiverデータ**、異なるクラスに属する(または類似度が低いとわかっている)データを**negativeデータ**とし、それらを同じニューラルネットワークへと入力して得られる、3つの出力を必要とします。

Triplet lossは次のように定義されます。

◉Triplet lossの定義

$$\sum_{i}^{N}\left[\left\|f\left(x_i^a\right)-f\left(x_i^p\right)\right\|_2^2-\left\|f\left(x_i^a\right)-f\left(x_i^n\right)\right\|_2^2+\alpha\right]$$

ここで、「N」はデータの基数、「f(xa)」はanchorデータに対するニューラルネットワークの出力、「f(xp)」はpositiverデータに対するニューラルネットワークの出力、「f(xn)」はnegativeデータに対するニューラルネットワークの出力となります。

anchorデータ、positiverデータ、negativeデータというのは、Triplet lossの学習に使用する3つのデータの組み合わせのことです。

上記の式からわかるように、Triplet lossはanchorデータとpositiverデータ、anchorデータとnegativeデータのそれぞれの出力のL2ノルムを計算し、そのノルムの差に定数「α」を加算した値を求めます。

L2ノルムはベクトル間の距離として扱えるので、これはanchorデータとpositiverデータに対する出力間の距離と、anchorデータとnegativeデータに対する出力間の距離を比較していることになります。

◉Triplet loss

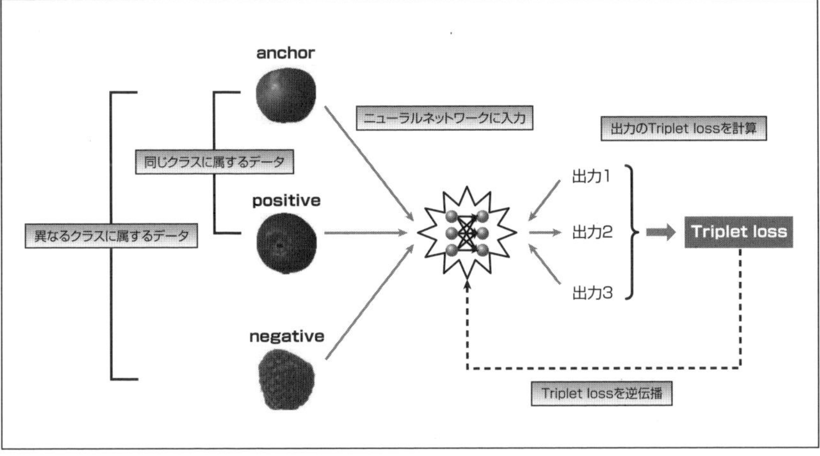

そして、ニューラルネットワークは損失の値が小さくなる方向へと学習されるので、anchorデータおよびnegativeデータに対する出力の距離が、anchorデータとpositiverデータに対する出力の距離よりも「α」以上大きい、つまり、次の図となるようなベクトルが出力するように学習されることになります。

◉Triplet lossの結果

$$\left\| f\left(x_i^a\right) - f\left(x_i^p\right) \right\|_2^2 + \alpha < \left\| f\left(x_i^a\right) - f\left(x_i^n\right) \right\|_2^2$$

ただし、実際には、すべての学習データから可能な3つの組み合わせを作成すると、その数は膨大になってしまうので、完全な「N」を学習させるのではなく、ランダムに抽出した組み合わせを繰り返し学習させることが多いようです。

SECTION-019

画像に対するMetric Learning

GitHubからデータセットをダウンロードしたら、実際の機械学習を行うプログラムを作成していきます。

ここでは、「Fruit-Images-Dataset」内に含まれている画像データのみを使用するので、ダウンロードしたディレクトリ内にある、「Training」と「Validation」ディレクトリ以下を利用します。

データの準備

「Fruit-Images-Dataset」ではすべてのデータはJPEG形式の画像ファイルとして保存されています。そこでまずは、画像を読み込んで、ニューラルネットワークで利用できる形式へと変換するための関数を作成します。

◆ 画像の読み込みと展開

画像ファイルはJPEG形式で圧縮されているので、さほどの容量ではないですが、すべての学習データを展開して数値データにすると、かなりの容量となってしまいます。

機械学習用に使用しているコンピューターの性能にもよりますが、そうした展開後の数値データを、すべてメモリ上に保持しておくことは、できれば避けたいところです。

しかし、ニューラルネットワークの学習を行うたびに、毎回ディスクアクセスを行って画像ファイルを読み込むのでは、ディスクのアクセス速度がネックとなり、学習速度が低下してしまいます。

そこでここでは、折衷案として圧縮済みのJPEGをすべてメモリ上に読み込んでおき、ニューラルネットワークの学習に必要になる都度、JPEGのバイナリデータを解凍して数値データとするようにしました。

そこでまずは、画像ファイルをバイナリデータとして読み込む関数と、読み込んだバイナリデータを展開して数値データにする関数を用意します。Apache MXNetには画像を扱うために、「img」というパッケージが用意されているので、ここではそのパッケージを使用して画像を展開するようにしました。

「imdecode」関数を使用すればバイナリデータの画像をApache MXNetのNDArray形式の数値データとすることができます。また、そのあとにGluon APIにある畳み込み層に合わせるため、「transpose」関数を呼び出して、データの形式を(幅、高さ、色)という並び順から(色、幅、高さ)という並び順にしています。

そのためのコードは次のようになります。

SOURCE CODE | chapt07-1.pyのコード

```
-*- coding: utf-8 -*-
from mxnet import img as IM

# 画像ファイルを読み込む関数
```

```
def get_imagedata(fn):
  with open(fn, 'rb') as f:
    return f.read()
# 画像を展開しfloat32型のデータにする関数
def extract_image(data):
  ximg = IM.imdecode(data).astype('float32')
  ximg = ximg.transpose()
  return ximg.asnumpy()
```

ここで、画像を展開して数値データを返す関数で、NDArray形式のデータを「asnumpy」関数でNumpy形式へと変換している点に注意してください。

このデータは、ニューラルネットワークに入力するときに再度、Apache MXNetのNDArray形式へと変換するので、一見すると無駄なように見えます。

しかし、このNumpy形式への変換を省くと、実際にはプログラムの実行速度は大幅に低下してしまいます。

Apache MXNetでは、複数のNDArray形式をマージするなどの処理は非常に遅く、すべてのデータをいったん単純なNumpy形式のデータとしておき、あとで全体をNDArray形式へと変換する方が高速に動作します。

これは、Apache MXNetのNDArray形式のデータには、ニューラルネットワークの計算グラフを作成するための処理などが含まれるため、NDArray形式同士の演算が余計なオーバーヘッドとなってしまうためです。

◆データの読み込み

次に、「Fruit-Images-Dataset」内の「Training」ディレクトリから、画像ファイルを読み込みます。「Training」ディレクトリ以下は、画像のクラスごとにサブディレクトリに分かれており、それぞれのディレクトリ名がクラス名に相当します。

●「Training」以下のサブディレクトリ

```
$ ls Fruit-Images-Dataset/Training/
Apple Braeburn
Apple Golden 1
Apple Golden 2
Apple Golden 3
Apple Granny Smith
Apple Red 1
Apple Red 2
Apple Red 3
Apple Red Delicious
Apple Red Yellow
Apricot
Avocado
Avocado ripe
Banana
Banana Red
```

```
Cactus fruit
Carambula
Cherry
Clementine
Cocos
Dates
Granadilla
Grape Pink
Grape White
Grape White 2
Grapefruit Pink
Grapefruit White
Guava
Huckleberry
Kaki
Kiwi
Kumquats
Lemon
Lemon Meyer
Limes
Litchi
Mandarine
Mango
Maracuja
Nectarine
Orange
Papaya
Passion Fruit
Peach
Peach Flat
Pear
Pear Abate
Pear Monster
Pear Williams
Pepino
Pineapple
Pitahaya Red
Plum
Pomegranate
Quince
Raspberry
Salak
Strawberry
Tamarillo
Tangelo
```

そこで次のように、「glob.glob」関数を使用してファイルの一覧を取得し、ファイル名に含まれているパスからクラスを取得し、画像のバイナリデータとともに変数に保存しておきます。

SOURCE CODE || chapt07-1.pyのコード

```
import numpy as np
import random
import glob

# データを読み込む
X_imgs = []
X_clzz = []
files = glob.glob('Fruit-Images-Dataset/Training/*/*.jpg')
for file in files:
  # ディレクトリ名からクラスを求める
  dirs = file.split('/')
  clzz = dirs[-2]
  if not clzz in X_clzz:
    X_clzz.append(clzz)
    X_imgs.append([])
  cidx = X_clzz.index(clzz)
  # 画像データを保存
  data = get_imagedata(file)
  X_imgs[cidx].append(data)
```

◆Tripletの作成

上記のコードが実行されたあと、変数の「X_imgs」には、クラスごとに画像データが格納されています。その中から、ランダムにanchorデータ、positiverデータ、negativeデータの3つを抽出する関数を作成します。

単純な乱数を使用すると、anchorデータとpositiverデータで同じ画像が選択されたり、anchorデータとnegativeデータが同じクラスになってしまう可能性が発生するので、ここでは次のように、ランダムに並べ替えた配列の、1番目と2番目の値を使い、クラスの番号およびクラス内の画像を選択する番号としました。

SOURCE CODE || chapt07-1.pyのコード

```
# ランダムなTripletを作成する関数
def get_one_triplet():
  clzz = np.random.permutation(len(X_clzz))
  idx1 = np.random.permutation(len(X_imgs[clzz[0]]))
  idx2 = np.random.permutation(len(X_imgs[clzz[1]]))
  im1 = extract_image(X_imgs[clzz[0]][idx1[0]])
  im2 = extract_image(X_imgs[clzz[0]][idx1[1]])
  im3 = extract_image(X_imgs[clzz[1]][idx2[0]])
  return (im1,im2,im3)
```

Gluonのモデルを作成する

次に、これまでの章と同様にGluonのAPIを使用したニューラルネットワークのモデルを作成します。

◆作成したモデル

この章では画像データを扱うので、使用するニューラルネットワークは畳み込みニューラルネットワークとなります。

ここで作成したモデルは、「Fruit-Images-Dataset」に含まれているクラス分類ニューラルネットワークを参考に、層の数と層内のニューロン数を削減してよりコンパクトにしたモデルとなります。

●作成したモデル

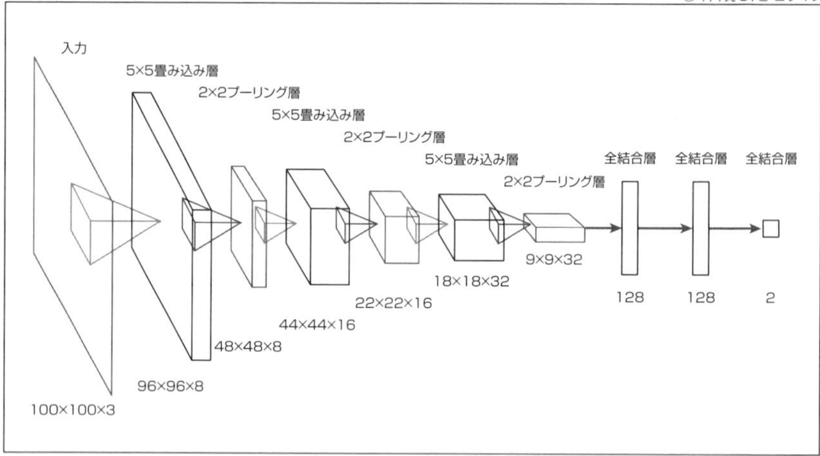

このモデルは上図のように、100×100ピクセル3色の入力データに対して、カーネルサイズが5×5の畳み込み層と、2×2のプーリング層を3層重ね、その後に3層の全結合層を接続したものになります。

また、図中には含まれていませんが、各プーリング層の出力は、Batch Normalizationを使用してチャンネル間で正規化を行います。

このモデルは、クラス分類を行う畳み込みニューラルネットワークと似ていますが、出力層のニューロン数はクラス分類ニューラルネットワークとは異なり、クラス数とは関係のない値です。

Metric Learningの場合、出力層のニューロン数は、出力としてデータをマッピングする空間の次元数であり、ここではあとで散布図として可視化するために、2次元の出力値を持つようにしました。

なお、この2次元という値は、クラス間の距離を求めるには次元数が少なすぎるはずで、もっと高次元のデータを使用した方が、より性格にデータをマッピングできることと思われます。その場合、CHAPTER 04で紹介した次元削減の手法を使用すれば2次元の散布図にすることもできます。

◆ニューラルネットワークのコード

前述のモデルを本書のこれまでのスタイルと同様のクラスとして実装したものが次のコードになります。新しく「chapt07model.py」というファイルを作成して、次のコードを保存してください。

SOURCE CODE ‖ chapt07model.pyのコード

```
# -*- coding: utf-8 -*-
from mxnet import ndarray as F
from mxnet.gluon import Block, nn

class Model(Block):
  def __init__(self, **kwargs):
    super(Model, self).__init__(**kwargs)
    with self.name_scope():
      self.conv1 = nn.Conv2D(channels=8, kernel_size=5)
      self.conv2 = nn.Conv2D(channels=16, kernel_size=5)
      self.conv3 = nn.Conv2D(channels=32, kernel_size=5)
      self.pool1 = nn.MaxPool2D(pool_size=2)
      self.pool2 = nn.MaxPool2D(pool_size=2)
      self.pool3 = nn.MaxPool2D(pool_size=2)
      self.norm1 = nn.BatchNorm()
      self.norm2 = nn.BatchNorm()
      self.norm3 = nn.BatchNorm()
      self.dense1 = nn.Dense(128)
      self.dense2 = nn.Dense(128)
      self.dense3 = nn.Dense(2)

  def forward(self, x):
    x = F.relu(self.conv1(x))
    x = self.norm1(self.pool1(x))
    x = F.relu(self.conv2(x))
    x = self.norm2(self.pool2(x))
    x = F.relu(self.conv3(x))
    x = self.norm3(self.pool3(x))
    x = F.relu(self.dense1(x))
    x = F.relu(self.dense2(x))
    x = self.dense3(x)
    return x
```

Triplet lossを使用したMetric Learningの場合、画像の枚数よりも多くの組合せが存在することと、1回の学習のために3回のニューラルネットワーク実行が必要となるため、学習にはクラス分類よりも多くの時間がかかります。

そのため、ここでは少しでも高速に学習が進むように、ニューラルネットワーク内の学習パラメーターができるだけ少なくなるように配慮した、かなりコンパクトなモデルを作成しました。

しかしそれでも、畳み込みニューラルネットワークに必要な畳み込み演算では、GPUを使用しないと相当な時間が必要になるので、できれば高速なGPUを使用して学習を行うようにしてください。

機械学習を行う

ニューラルネットワークのモデルを作成したら、再び「chapt07-1.py」に戻り、機械学習を行うコードを作成します。

◆学習の準備

まずはこれまでの章と同様に、Apache MXNetに必要なモジュールをインポートし、ニューラルネットワークのモデルを作成します。

SOURCE CODE | chapt07-1.pyのコード

```
# Apache MXNetを使う準備
from mxnet import nd
from mxnet import autograd
from mxnet import cpu
from mxnet.gluon import Trainer
from mxnet.gluon.loss import TripletLoss

# モデルをインポートする
import chapt07model

# モデルを作成する
model = chapt07model.Model()
model.initialize(ctx=[cpu(0),cpu(1),cpu(2),cpu(3)])
```

その後、学習アルゴリズムを選択し損失関数を用意しますが、ここでは損失関数はTriplet lossを使用するので、GluonのAPIにある「TripletLoss」を作成します。

また、学習アルゴリズムについては学習率の設定を行い、標準よりも小さな値「0.00001」を設定します。学習率を小さな値に設定しているのは、Batch Normalizationと同じく学習を安定させるための方策です。Triplet lossによるMetric Learningの場合、学習させるデータが組合せになるため、ミニバッチに含まれるデータのばらつきが大きく、学習がやや不安定になる傾向があります。

そこで、Batch Normalizationや学習率の設定を通じて、安定したニューラルネットワークの学習を行うようにしています。

SOURCE CODE | chapt07-1.pyのコード

```
# 学習アルゴリズムを設定する
trainer = Trainer(model.collect_params(),'adam',{'learning_rate':0.00001})
loss_func = TripletLoss()
```

◆学習回数の設定

Triplet lossを使用したMetric Learningの場合、学習におけるエポック数は、組合せ問題の結果の膨大な数となります。

そうした組合せのすべてを順番に学習させることは現実的ではないので、ランダムに抜き出した3つの画像をTripletとして学習させることになりますが、そうすると学習回数の設定はエポック数ではなく単純な実行回数(イテレーション数)になります。

次のように、イテレーション数として10000回のループを実行するコードを作成します。ループ内の処理は、ミニバッチの作成、ニューラルネットワークの順伝播、結果の逆伝播という順序で実行されます。ループ内の処理についてはこのあとで紹介します。

SOURCE CODE || chapt07-1.pyのコード

```
# 機械学習を開始する
print('start training...')
batch_size = 64
iterations = 10000
log_interval = 100
loss_n = [] # ログ表示用の損失の値
for iteration in range(1, iterations + 1):
  # ミニバッチを作成

  # ニューラルネットワークを順伝播

  # 損失の値から逆伝播する

  # ログを表示
  if log_interval == len(loss_n):
    # ログを表示
    ll = np.mean(loss_n)
    print('%d iteration loss=%f...'%(iteration,ll))
    loss_n = []
```

◆ミニバッチの作成

ミニバッチを作成するためのコードは、上記のループ内の「**# ミニバッチを作成**」という箇所に作成します。

ここでは、「batch_size」で指定したバッチサイズ分だけループを回し、先ほど作成した関数を使用して、1つずつ画像のTripletを取得します。

そしてその画像を、anchorデータ、positiverデータ、negativeデータごとに3つのミニバッチとして配列にしておき、「anchor」「positiver」「negative」という変数に格納します。

SOURCE CODE || chapt07-1.pyのコード

```
# ミニバッチを作成
anchor = []
positive = []
negative = []
for batch in range(batch_size):
  # Tripletを一つ取得
  triplet = get_one_triplet()
  anchor.append(triplet[0])
  positive.append(triplet[1])
  negative.append(triplet[2])
```

作成したデータは、次のようにApache MXNetのNDArray形式にしておきます。

SOURCE CODE ‖ chapt07-1.pyのコード

```
# Apache MXNetのデータにする
anchor = nd.array(anchor)
positive = nd.array(positive)
negative = nd.array(negative)
```

◆ニューラルネットワークを学習

次にニューラルネットワークへと作成したデータを順伝播させます。それにはこれまでの章と同様、「with autograd.record()」セクション内でニューラルネットワークのモデルを呼び出しますが、Triplet lossによる学習では、同じニューラルネットワークのモデルを3回実行して、それぞれの結果を取得する必要があります。

また、それぞれの結果をTriplet lossの損失関数へと入力して、損失の値を取得します。

SOURCE CODE ‖ chapt07-1.pyのコード

```
# ニューラルネットワークを順伝播
with autograd.record():
  output1 = model(anchor)
  output2 = model(positive)
  output3 = model(negative)
  loss = loss_func(output1, output2, output3)
  # ログ表示用に損失の値を保存
  loss_n.append(np.mean(loss.asnumpy()))
```

◆ニューラルネットワークの逆伝播

次に損失の値を逆伝播させ、ニューラルネットワークのパラメーターを更新します。これはこれまでの章と同じく、損失の「backward」関数を呼び出したあと、トレーナーの「step」関数を呼び出すだけです。

SOURCE CODE ‖ chapt07-1.pyのコード

```
# 損失の値から逆伝播する
loss.backward()
trainer.step(batch_size, ignore_stale_grad=True)
```

◆結果の保存

最後に、学習が完了したらニューラルネットワークのモデルをファイルに保存します。そのためのコードは次のようになります。

SOURCE CODE ‖ chapt07-1.pyのコード

```
# 学習結果を保存
model.save_params('chapt07.params')
```

◆最終的なコード

これまでのコードをすべてつなげると、「chapt07-1.py」のコードは次のようになります。

SOURCE CODE | chapt07-1.pyのコード

```
# -*- coding: utf-8 -*-
from mxnet import img as IM

# 画像ファイルを読み込む関数
def get_imagedata(fn):
  with open(fn, 'rb') as f:
    return f.read()
# 画像を展開しfloat32型のデータにする関数
def extract_image(data):
  ximg = IM.imdecode(data).astype('float32')
  ximg = ximg.transpose()
  return ximg.asnumpy()

import numpy as np
import random
import glob

# データを読み込む
X_imgs = []
X_clzz = []
files = glob.glob('Fruit-Images-Dataset/Training/*/*.jpg')
for file in files:
  # ディレクトリ名からクラスを求める
  dirs = file.split('/')
  clzz = dirs[-2]
  if not clzz in X_clzz:
    X_clzz.append(clzz)
    X_imgs.append([])
  cidx = X_clzz.index(clzz)
  # 画像データを保存
  data = get_imagedata(file)
  X_imgs[cidx].append(data)

# ランダムなTripletを作成する関数
def get_one_triplet():
  clzz = np.random.permutation(len(X_clzz))
  idx1 = np.random.permutation(len(X_imgs[clzz[0]]))
  idx2 = np.random.permutation(len(X_imgs[clzz[1]]))
  im1 = extract_image(X_imgs[clzz[0]][idx1[0]])
  im2 = extract_image(X_imgs[clzz[0]][idx1[1]])
  im3 = extract_image(X_imgs[clzz[1]][idx2[0]])
  return (im1,im2,im3)
```

```
# Apache MXNetを使う準備
from mxnet import nd
from mxnet import autograd
from mxnet import cpu
from mxnet.gluon import Trainer
from mxnet.gluon.loss import TripletLoss

# モデルをインポートする
import chapt07model

# モデルを作成する
model = chapt07model.Model()
model.initialize(ctx=[cpu(0),cpu(1),cpu(2),cpu(3)])

# 学習アルゴリズムを設定する
trainer = Trainer(model.collect_params(),'adam',{'learning_rate':0.00001})
loss_func = TripletLoss()

# 機械学習を開始する
print('start training...')
batch_size = 64
iterations = 10000
log_interval = 100
loss_n = [] # ログ表示用の損失の値
for iteration in range(1, iterations + 1):
  # ミニバッチを作成
  anchor = []
  positive = []
  negative = []
  for batch in range(batch_size):
    # Tripletを1つ取得
    triplet = get_one_triplet()
    anchor.append(triplet[0])
    positive.append(triplet[1])
    negative.append(triplet[2])
  # Apache MXNetのデータにする
  anchor = nd.array(anchor)
  positive = nd.array(positive)
  negative = nd.array(negative)

  # ニューラルネットワークを順伝播
  with autograd.record():
    output1 = model(anchor)
    output2 = model(positive)
    output3 = model(negative)
    loss = loss_func(output1, output2, output3)
```

```
      # ログ表示用に損失の値を保存
      loss_n.append(np.mean(loss.asnumpy()))

    # 損失の値から逆伝播する
    loss.backward()
    trainer.step(batch_size, ignore_stale_grad=True)

    # ログを表示
    if log_interval == len(loss_n):
      # ログを表示
      ll = np.mean(loss_n)
      print('%d iteration loss=%f...'%(iteration,ll))
      loss_n = []

# 学習結果を保存
model.save_params('chapt07.params')
```

上記のコードを保存して実行すると、次のように学習の進展と損失の値がコンソールに表示されます。学習が終了すると「chapt07.params」というファイルが作成され、果物の画像の類似度合いを判定できるニューラルネットワークが作成されます。

```
$ python3 chapt07-1.py
start training...
100 iteration loss=0.673515...
200 iteration loss=0.402363...
300 iteration loss=0.281934…
・・・(略)
9800 iteration loss=0.026491...
9900 iteration loss=0.023993...
10000 iteration loss=0.025540...
```

SECTION-020

類似度合いの可視化

ニューラルネットワークの学習が終了したら、学習データとテスト用データをニューラルネットワークへ入力し、各クラス間の距離を求めるプログラムを作成します。

ニューラルネットワークの実行

ここでは、「Training」以下のデータと、「Validation」以下のデータに対してそれぞれ同じ処理を行うので、ニューラルネットワークの実行処理全体を1つの関数の中に作成します。

まずは「chapt07-2.py」というファイルを作成し、「chapt07-1.py」で作成した画像の読み込み関数と、次のコードを保存します。

SOURCE CODE | chapt07-2.pyのコード

```
# すべてのデータを散布図にして保存
import glob
import numpy as np
import pandas as pd
import matplotlib.pyplot as plt

# データのクラスの一覧
X_clzz = []

# データを散布図にして保存する関数
def make_scatter(source, dstfile, sctfile):
  global X_clzz
  # ニューラルネットワークのデータ
  positions = []
  clzz_list = []
  batch_size = 64
  batch_data = []
```

◆ミニバッチの作成

次に、上記の「make_scatter」関数内に、ニューラルネットワークの実行コードを作成します。まずは画像ファイルを読み込み、JPEGデータを展開しながらニューラルネットワークへと入力するためのミニバッチを作成します。

学習時と異なり、画像データを保存してランダムに取り出す必要はないので、すべての画像ファイルを順番に読み込み、バッチサイズ分だけ読み込んだらそこでニューラルネットワークを実行するようにします。

すべての画像データを読み込んで、ミニバッチとなる配列へと保存していくコードは、次のようになります。

SOURCE CODE ‖ chapt07-2.pyのコード

```
# データを読み込みながらNNを実行
files = glob.glob('Fruit-Images-Dataset/%s/*/*.jpg'%source)
for file in files:
  # ディレクトリ名からクラスを求める
  dirs = file.split('/')
  clzz = dirs[-2]
  if not clzz in X_clzz:
    X_clzz.append(clzz)
  cidx = X_clzz.index(clzz)
  # 画像データを展開してミニバッチを作成
  data = get_imagedata(file)
  ximg = extract_image(data)
  batch_data.append(ximg)
  clzz_list.append(clzz)
```

◆ニューラルネットワークを実行する

そして、ミニバッチが完成したらニューラルネットワークを実行し、結果を保存します。また、ミニバッチの作成に使用していたバッファをクリアして、新しいミニバッチの作成に備えます。

SOURCE CODE ‖ chapt07-2.pyのコード

```
for file in files:
  (略)
  # ミニバッチが完成したらニューラルネットワークを実行
  if len(batch_data) == batch_size:
    batch = nd.array(batch_data)
    output = model(batch)
    positions.extend(output.asnumpy().tolist())
    batch_data = []
# 残りのデータ
if len(batch_data) > 0:
  batch = nd.array(batch_data)
  output = model(batch)
  positions.extend(output.asnumpy().tolist())
```

上記のコードが実行されると、指定されたディレクトリ内のすべての画像ファイルに対してニューラルネットワークが実行され、「positions」変数にその結果が格納されます。

▶結果の可視化

すべての画像データに対してニューラルネットワークを実行したら、その結果を図にして保存します。

作成する図は、それぞれのクラス間の距離をヒートマップにしたものと、Metric Learningの結果となる散布図の2種類で、それらを「Training」以下のデータと、「Validation」以下のデータそれぞれに対して作成するので、合計4枚の図が作成されます。

◆クラス間の距離を求める

まずは、それぞれのクラス間の距離を求めます。クラス間の距離については、そのクラスに属する出力データすべての重心位置をそのクラスの位置として扱い、2つのクラス間でその位置の差分ベクトルの長さを求めます。そのためのコードは次のようになります。

SOURCE CODE || chapt07-2.pyのコード

```
# 各クラス間の距離を求める
axis = sorted(X_clzz)
plots = []
for c1 in axis:
  t = []
  for c2 in axis:
    l1 = [positions[x] for x in range(len(positions)) if clzz_list[x] == c1]
    l2 = [positions[x] for x in range(len(positions)) if clzz_list[x] == c2]
    m1 = np.mean(l1, axis=0) # クラス1内の重心位置
    m2 = np.mean(l2, axis=0) # クラス2内の重心位置
    t.append(np.linalg.norm(m1 - m2)) # クラス間の距離
  plots.append(t)
```

◆ヒートマップの作成

次にその距離のリストをヒートマップとして保存します。それには「matplotlib」の「subplots」を使用してグラフを作成し、「pcolor」関数でヒートマップを描写します。その後、軸としてすべてのクラスの名前を設定し、最後に図を保存します。そのためのコードは次のようになります。

SOURCE CODE || chapt07-2.pyのコード

```
# クラス間の距離をヒートマップにする
data = np.array(plots)
fig, ax = plt.subplots(figsize=(10,10))
heatmap = ax.pcolor(data, cmap=plt.cm.Greys)
# 軸の設定
ax.set_xticks(np.arange(len(axis)) + 0.5, minor=False)
ax.set_yticks(np.arange(len(axis)) + 0.5, minor=False)
ax.set_xticklabels(axis, rotation=90, fontsize=6)
ax.set_yticklabels(axis, fontsize=6)
# 図を保存
plt.savefig(dstfile)
plt.clf()
```

◆散布図の作成

次に、ニューラルネットワークの出力そのものを可視化するために、出力データを散布図にして保存します。

ニューラルネットワークのモデル作成のときに、出力データの次元数を2次元にしておいたので、ニューラルネットワークの出力データはそのまま2次元のグラフ上にプロットすることができます。

散布図の作成方法はこれまでの章と同じですが、ここでは凡例を表示するために、クラスごとに別々の散布図を作成して、matplotlibのsubplotsを使用して作成したグラフの上に上書きしていきます。
そのためのコードは次のようになります。

SOURCE CODE || chapt07-2.pyのコード

```
# 結果を散布図にして保存
positions = np.array(positions)
fig, ax = plt.subplots(figsize=(10,10))
cmap = plt.get_cmap('gnuplot')
# 凡例を出すため、クラス毎に別色で描写
for i in range(len(axis)):
  c = axis[i]
  col = cmap(i / len(axis))
  l = [positions[x] for x in range(len(positions)) if clzz_list[x] == c]
  l = np.array(l)
  df_plot = pd.DataFrame({'x': l[:,0],'y': l[:,1]})
  df_plot.plot(kind='scatter', x='x', y='y', ax=ax, label=c, color=col)
# 凡例の位置を設定
plt.legend(bbox_to_anchor=(0.95, 1.05), loc=2, borderaxespad=0, fontsize=6)
# 図を保存
plt.savefig(sctfile)
plt.clf()
```

◆指定したデータに対して実行

最後に、「Training」以下のデータと、「Validation」以下のデータそれぞれに対してニューラルネットワークを実行するため、作成した関数を呼び出します。

SOURCE CODE || chapt07-2.pyのコード

```
# 学習データを散布図にして保存する
make_scatter('Training', 'result1.png', 'scatter1.png')
# テスト用データを散布図にして保存する
make_scatter('Validation', 'result2.png', 'scatter2.png')
```

◆最終的なコード

前述のコードをすべてつなげると、「chapt07-2.py」のコードは次のようになります。

SOURCE CODE || chapt07-2.pyのコード

```
# -*- coding: utf-8 -*-
from mxnet import img as IM

# 画像ファイルを読み込む関数
def get_imagedata(fn):
  with open(fn, 'rb') as f:
    return f.read()
# 画像を展開しfloat32型のデータにする関数
```

```
def extract_image(data):
  ximg = IM.imdecode(data).astype('float32')
  ximg = ximg.transpose()
  return ximg.asnumpy()

# Apache MXNetを使う準備
from mxnet import nd
from mxnet import autograd
from mxnet import cpu
from mxnet.gluon import Trainer
from mxnet.gluon.loss import TripletLoss
import chapt07model

# モデルを作成する
model = chapt07model.Model()
model.load_params('chapt07.params', ctx=[cpu(0),cpu(1),cpu(2),cpu(3)])

# すべてのデータを散布図にして保存
import glob
import numpy as np
import pandas as pd
import matplotlib.pyplot as plt

# データのクラスの一覧
X_clzz = []

# データを散布図にして保存する関数
def make_scatter(source, dstfile, sctfile):
  global X_clzz
  # ニューラルネットワークのデータ
  positions = []
  clzz_list = []
  batch_size = 64
  batch_data = []
  # データを読み込みながらNNを実行
  files = glob.glob('Fruit-Images-Dataset/%s/*/*.jpg'%source)
  for file in files:
    # ディレクトリ名からクラスを求める
    dirs = file.split('/')
    clzz = dirs[-2]
    if not clzz in X_clzz:
      X_clzz.append(clzz)
    cidx = X_clzz.index(clzz)
    # 画像データを展開してミニバッチを作成
    data = get_imagedata(file)
    ximg = extract_image(data)
    batch_data.append(ximg)
```

```
    clzz_list.append(clzz)
    # ミニバッチが完成したらニューラルネットワークを実行
    if len(batch_data) == batch_size:
      batch = nd.array(batch_data)
      output = model(batch)
      positions.extend(output.asnumpy().tolist())
      batch_data = []
  # 残りのデータ
  if len(batch_data) > 0:
    batch = nd.array(batch_data)
    output = model(batch)
    positions.extend(output.asnumpy().tolist())

  # 各クラス間の距離を求める
  axis = sorted(X_clzz)
  plots = []
  for c1 in axis:
    t = []
    for c2 in axis:
      l1 = [positions[x] for x in range(len(positions)) if clzz_list[x] == c1]
      l2 = [positions[x] for x in range(len(positions)) if clzz_list[x] == c2]
      m1 = np.mean(l1, axis=0) # クラス1内の重心位置
      m2 = np.mean(l2, axis=0) # クラス2内の重心位置
      t.append(np.linalg.norm(m1 - m2)) # クラス間の距離
    plots.append(t)
  # クラス間の距離をヒートマップにする
  data = np.array(plots)
  fig, ax = plt.subplots(figsize=(10,10))
  heatmap = ax.pcolor(data, cmap=plt.cm.Greys)
  # 軸の設定
  ax.set_xticks(np.arange(len(axis)) + 0.5, minor=False)
  ax.set_yticks(np.arange(len(axis)) + 0.5, minor=False)
  ax.set_xticklabels(axis, rotation=90, fontsize=6)
  ax.set_yticklabels(axis, fontsize=6)

  # 図を保存
  plt.savefig(dstfile)
  plt.clf()

  # 結果を散布図にして保存
  positions = np.array(positions)
  fig, ax = plt.subplots(figsize=(10,10))
  cmap = plt.get_cmap('gnuplot')
  # 凡例を出すため、クラス毎に別色で描写
  for i in range(len(axis)):
    c = axis[i]
    col = cmap(i / len(axis))
```

```
        l = [positions[x] for x in range(len(positions)) if clzz_list[x] == c]
        l = np.array(l)
        df_plot = pd.DataFrame({'x': l[:,0],'y': l[:,1]})
        df_plot.plot(kind='scatter', x='x', y='y', ax=ax, label=c, color=col)
    # 凡例の位置を設定
    plt.legend(bbox_to_anchor=(0.95, 1.05), loc=2, borderaxespad=0, fontsize=6)
    # 図を保存
    plt.savefig(sctfile)
    plt.clf()

# 学習データを散布図にして保存する
make_scatter('Training', 'result1.png', 'scatter1.png')
# テスト用データを散布図にして保存する
make_scatter('Validation', 'result2.png', 'scatter2.png')
```

上記のコードを保存して実行すると、次のような4枚の図が作成されます。

●「Training」以下のデータに対する、クラス間の距離

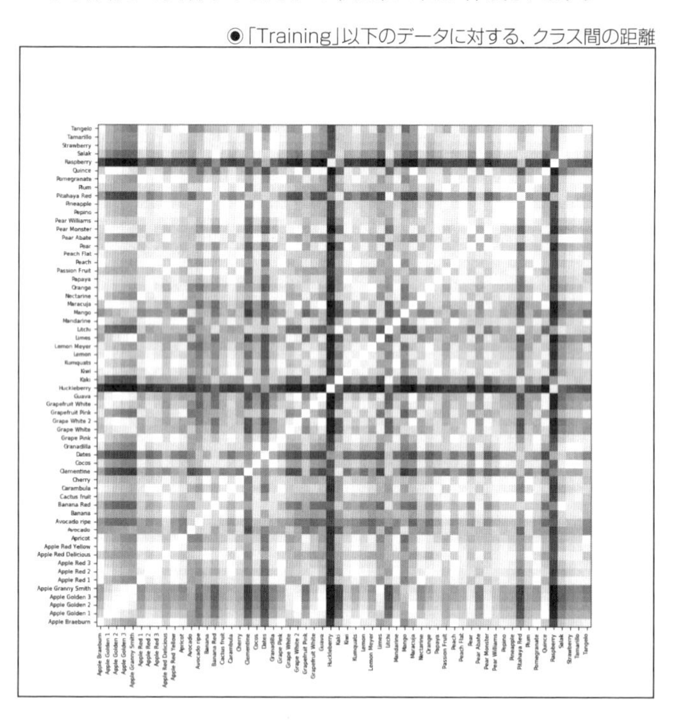

◉「Training」以下のデータに対する、ニューラルネットワークの出力値

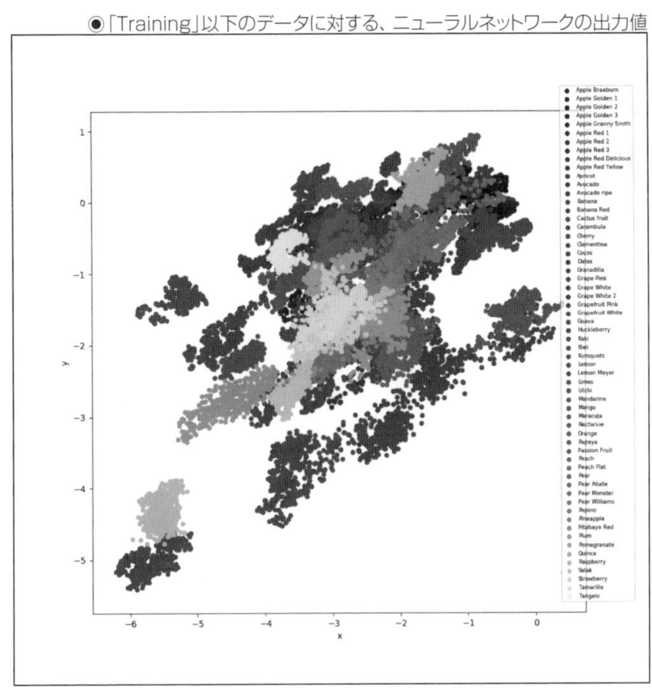

◉「Validation」以下のデータに対する、クラス間の距離

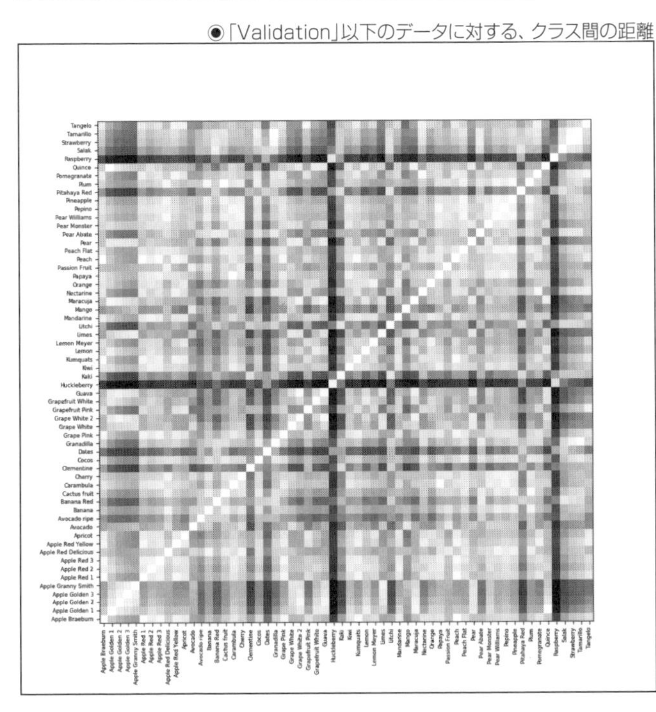

●「Validation」以下のデータに対する、ニューラルネットワークの出力値

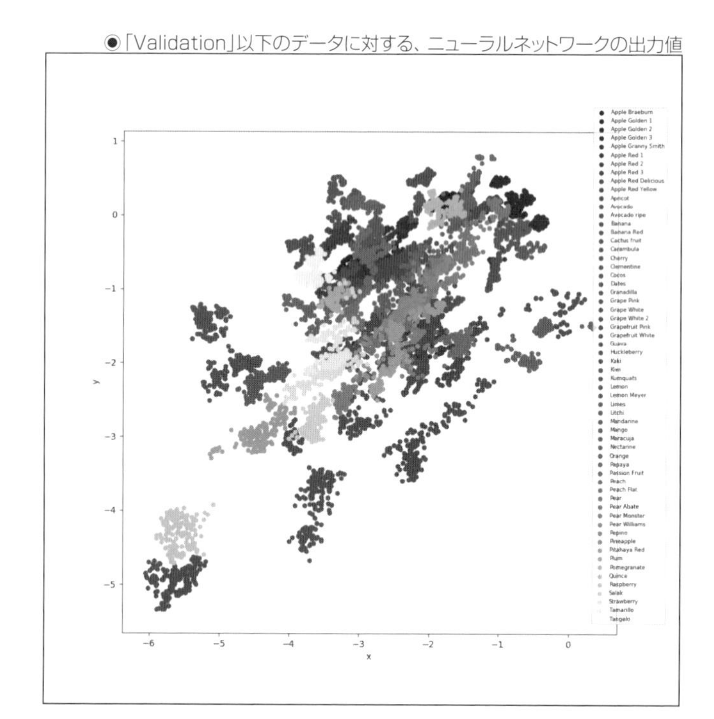

クラス間の距離を表すヒートマップを見れば、それぞれの果物間の類似度合いとして、「似たような外見の果物」や「異なっている外見の果物」などがわかります。

例として、「Apple Braeburn」クラスと近い距離にあるクラスは、「Apple Red Yellow」や「Peach」であり、逆に「Raspberry」や「Huckleberry」は距離が遠いと判定されていることがわかります。

紙面ではわかりづらいですが、「Apple Red Yellow」や「Peach」は赤い果実であり、「Raspberry」や「Huckleberry」は紫が強く、「Limes」や「Guava」は黄色と、色による判定がクラス間の距離に影響しているようです。

●Metric Learningの結果

	距離の近いもの		距離の遠いもの	
Apple Braeburn	Apple Red Yellow	Pearch	Raspberry	Huckleberry
Raspberry	Litchi	Huckleberry	Limes	Guava

CHAPTER 08

グラフで表されるデータの分析

SECTION-021

有向グラフを扱う

機械学習によるデータ解析では、目的に応じてさまざまな種類のデータセットを扱うことになります。

特に、グラフ理論で扱われるグラフデータの解析は、いろいろな目的に適用することができる、非常に応用範囲の広い解析分野です。

しかし、グラフをニューラルネットワークで解析するためには、グラフのデータを機械学習が可能な形で扱う必要があり、機械学習の前段階にあたる処理が重要になります。

この章では、DeepWalkという手法によるグラフのベクトルデータ化と、そのあとにデータの次元削減とクラスタリングを同時に行う手法について紹介します。

有向グラフとは

グラフ理論におけるグラフとは、ノード(頂点)と、ノード間を接続するエッジ(辺)から成り立つデータ構造を指しており、ノード間の接続の仕方を表現するデータです。

通常、ノードにはそれぞれ個別のラベルが振られており、エッジには重みが与えられる場合(重み付きグラフ)もあります。

また、ノード間の接続について、接続の方向性を持っているものを**有向グラフ**と呼びます。有向グラフ内のすべてのエッジを、下図にあるノードAとCのように、双方向に接続し合うようにすれば、そのグラフは無向グラフと等価となるため、有向グラフを解析するアルゴリズムであれば、無向グラフも同じように解析できることになります。

◉有向グラフ

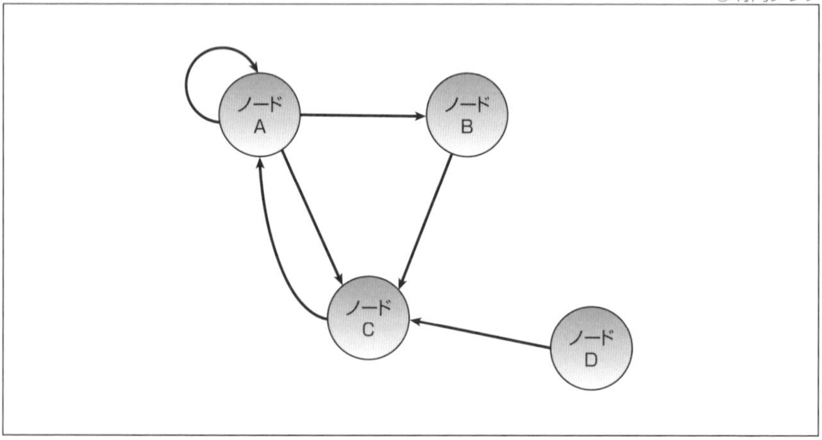

データ解析の対象になるグラフデータとしては、ホームページ間のリンク構造は、ソーシャルグラフなどが例として挙げられます。

◆グラフの解析

グラフ理論では、さまざまな種類のデータをグラフ構造に落とし込むことが可能なため、グラフデータに対する解析は幅広い応用分野を持ちます。

グラフに対する解析としては、グラフ同型問題やグラフクラスタリングといった種類の問題が挙げられます。グラフ同型問題とは、異なる2つのグラフが同型（同じノード間の接続の仕方になっている）かどうかを判定するもので、文章データや画像の比較に応用することができます。

◉グラフ同型問題

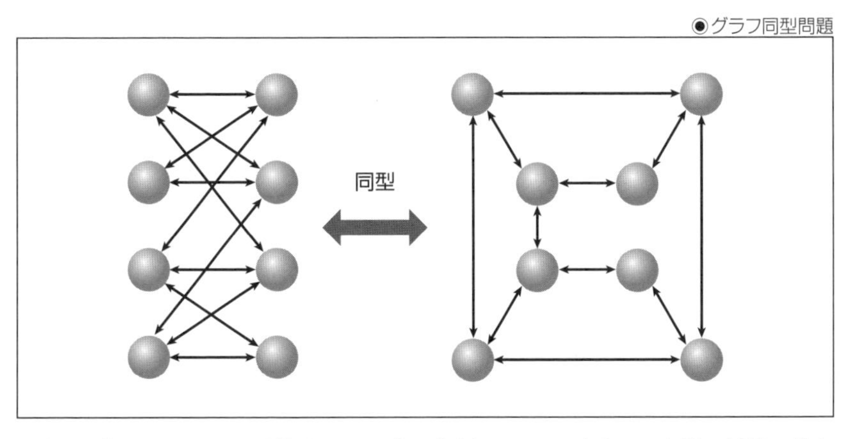

また、**グラフクラスタリング**とは、グラフ内に含まれているノードを、ノード間の接続の仕方で分類してクラスタリングする問題です。グラフクラスタリングは、ソーシャルグラフに含まれるユーザーの分類や傾向分析などの応用に利用されます。

◉グラフクラスタリング

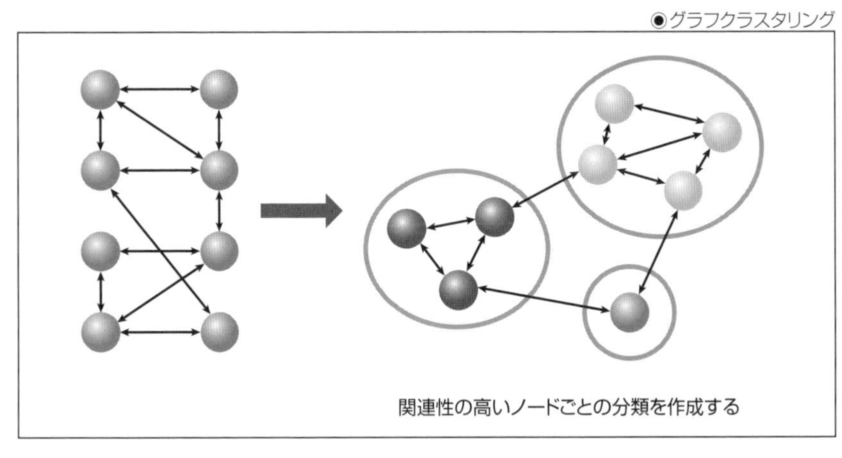

これらのグラフデータ解析はさまざまな場面で有用なのですが、残念なことにグラフに含まれるノード数が巨大なものになった場合、少ない計算時間でこれらの問題を解くアルゴリズムは見つかっていません（グラフクラスタリングはNP困難）。

そのため、現実的には、何らかの手法でこれらの問題を近似して、有用な結果を得るアルゴリズムが必要になります。

◆カーネル分析

グラフデータの解析では、個々のノードが個別に扱われるのではなく、ノードとなるデータ間の関係性が主要な関心となります。しかし、一般的なニューラルネットワークや機械学習アルゴリズムでは、入力するデータの次元数が固定となるため、ノード間の関係性をそのまま入力することができません。そのため、通常は「**カーネル**」と呼ばれるアルゴリズムを使用して、有向グラフのデータから機械学習が可能な形式のデータを抽出します。

利用するカーネルの種類は、データ解析の目的と使用するニューラルネットワークの種類によって選択する必要があり、たとえば、クラフの同型問題を扱うことができるニューラルネットワークとしては、グラフ信号処理のアルゴリズムで作成したスペクトルグラフを利用するものが、ジョーン・ブルナ、ウォーシエック・ザレムバ、アーサー・スラム、ヤン・ルカンによって作成されました(https://arxiv.org/abs/1312.6203)。

ジョーン・ブルナらの作成したニューラルネットワークは、現在ではさまざまなGraph Convolutional Network(GCN)の基礎となっており、カーネルにWeisfeiler-Lehmanアルゴリズムを使用するものや、サブツリーのパターンを使用するものなど、いろいろな派生手法が登場しています。

また、グラフクラスタリングを効率的に行うためには、有向グラフ内のノードをクラスタリングのアルゴリズムで扱えるベクトルデータにする必要があるのですが、そのためにもニューラルネットワークを使用した機械学習が使用されます。

ノードのベクトルデータ化には、ブライアン・ペロッツィ、ラミ・アルフォウ、スティーブン・スキーナが発表したDeepWalk(https://arxiv.org/abs/1403.6652)や、アディティア・グローバー、ユール・レスコベックが発表したnode2vec(http://snap.stanford.edu/node2vec/)があり、これらはランダムウォークをカーネルとして利用し、CHAPTER 06で紹介したSkip-Gramを学習させています。

この章で扱う課題

グラフデータの解析では、複数のグラフデータからグラフごとの相互の関係を扱う問題と、1つの大きなグラフデータを解析して、グラフ内のノードの情報を解析する問題とに大別できます。

この章では、1つのグラフデータを解析して、グラフ内のノードをベクトルデータ化することにします。また、ベクトルデータ化したノードを、さらに次元削減とクラスタリングのアルゴリズムを用いて分類し、グラフクラスタリングを行います。

◆使用するデータ

この章では、解析するグラフデータとして、スタンフォード大学が公開している「**Epinionsソーシャルネットワーク**」を利用します。「Epinionsソーシャルネットワーク」は、消費者レビューサイトのレビュアーが、「お互いを信頼するか」を評価し合ったソーシャルネットワークのデータです。

このデータは重み付き有向グラフとして表現されており、たとえばレビュアーAがレビュアーBを「信頼できる」と評価した場合、A→Bというエッジがグラフに加わり、さらにそのエッジに「1」という重みが付けられます(「信用できない」と評価した場合はエッジの重みは「-1」になる)。

まずは「Epinionsソーシャルネットワーク」のページ(http://snap.stanford.edu/data/soc-sign-epinions.html)を開き、「soc-sign-epinions.txt.gz」ファイルをダウンロードします。

●Epinionsソーシャルネットワークのページ

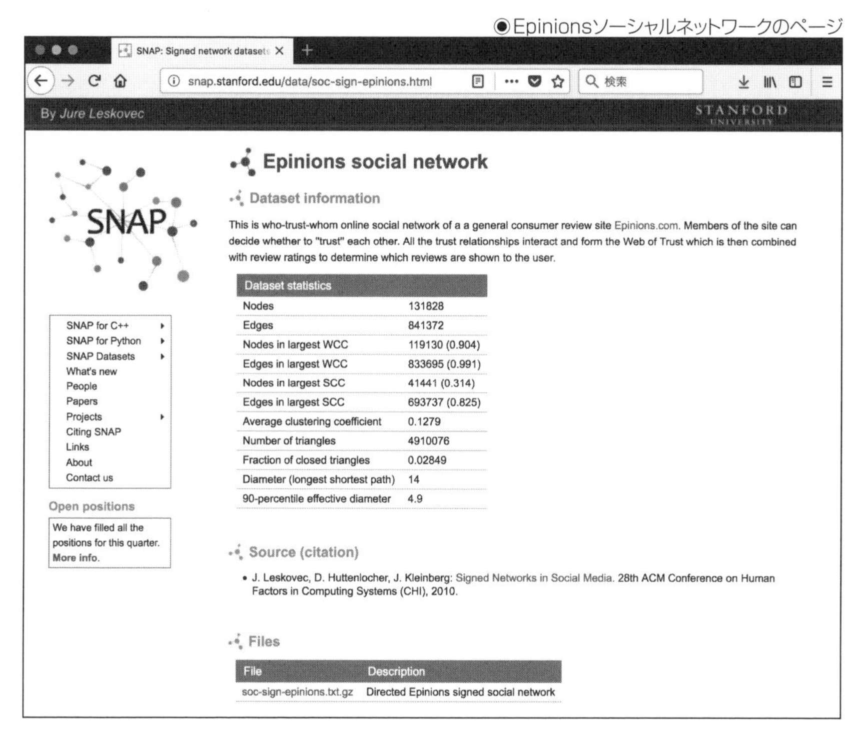

そして次のコマンドを実行して、ダウンロードしたファイルを展開します。すると、「soc-sign-epinions.txt」というファイルが作成されます。

```
$ gunzip soc-sign-epinions.txt.gz
```

「soc-sign-epinions.txt」の中身は次のようになっており、コメントを除く各行にはすべてのエッジの情報が、起点ノード、終点ノード、エッジの重みの順番で記載されています。

```
$ head soc-sign-epinions.txt
# Directed graph: soc-sign-epinions
# Epinions signed social network
# Nodes: 131828 Edges: 841372
# FromNodeId  ToNodeId  Sign
0  1  -1
1  128552  -1
2  3  1
4  5  -1
4  155  -1
4  558  1
```

◆データの確認

グラフデータの読み込みと簡単な解析は、Pythonの「networkx」ライブラリを使用して行うことができます。ここでは、Pythonのコマンドライン上から「soc-sign-epinions.txt」ファイルを読み込み、簡単に内容をチェックすることにします。

まずは次のように、「soc-sign-epinions.txt」ファイルを読み込みます。

「soc-sign-epinions.txt」ファイルは重み付きグラフのエッジのリストなので、「read_weighted_edgelist」関数を使用してファイルを読み込み、「create_using=nx.DiGraph()」という引数で有向グラフのデータとします。

```
$ python3
>>> import networkx as nx
>>> G = nx.read_weighted_edgelist('soc-sign-epinions.txt', nodetype=int, \
create_using=nx.DiGraph())
```

はじめに、グラフに含まれているノードとエッジの数をカウントします。

```
>>> G.number_of_nodes()
131828
>>> G.number_of_edges()
841372
```

ノードから、そのノードが接続しているノードを検索するには、「neighbors」を使います。また、ノードの近接ノードの数は、「degree」から取得できます。

```
>>> list(G.neighbors(0))
[1]
>>> list(G.neighbors(1))
[128552]
>>> G.degree[0]
1
>>> G.degree[1]
3
```

「networkx」ライブラリには、グラフ理論のアルゴリズムを実装した関数が用意されており、グラフデータに対して処理を行うことができます。

アルゴリズムの一例として、グラフ内のノードの重要性を判断する、**PageRankアルゴリズム**を使用してみます。PageRankアルゴリズムは検索エンジンのGoogleが、Webページの検索結果を判定するのに使用していることで知られているアルゴリズムで、ページ間のリンクを有向グラフのエッジと見なして、重要性の高いノードからリンクされているノードは重要度が高いと判定するものです。

グラフ内の重みを計算に含めると、計算時間が膨大に膨れ上がってしまうので、「weight=None」を引数に入れて、グラフ内の重みは考慮しないようにしました。

```
>>> rank = nx.pagerank(G, weight=None)
>>> rank[0]
2.1643510377813457e-06
>>> rank[1]
6.23284160641646e-06
```

最後に、「Epinionsソーシャルネットワーク」のグラフ全体を図にして保存します。グラフのノードから2次元上の座標を計算するアルゴリズムは、エッジの長さをばねとして扱う力学モデルを使用し、先ほどと同じくグラフ内の重みは考慮しないようにました。

```
>>> import matplotlib.pyplot as plt
>>> plt.figure(figsize=(10,10))
>>> pos = nx.spring_layout(G, iterations=10, threshold=0.001, weight=None)
>>> nx.draw_networkx(G, pos, arrows=False, with_labels=False, node_size=10, \
node_color='blue', edge_color='gray', alpha=0.2)
>>> plt.savefig('network.png')
>>> plt.clf()
```

すると次のような図が保存されます。

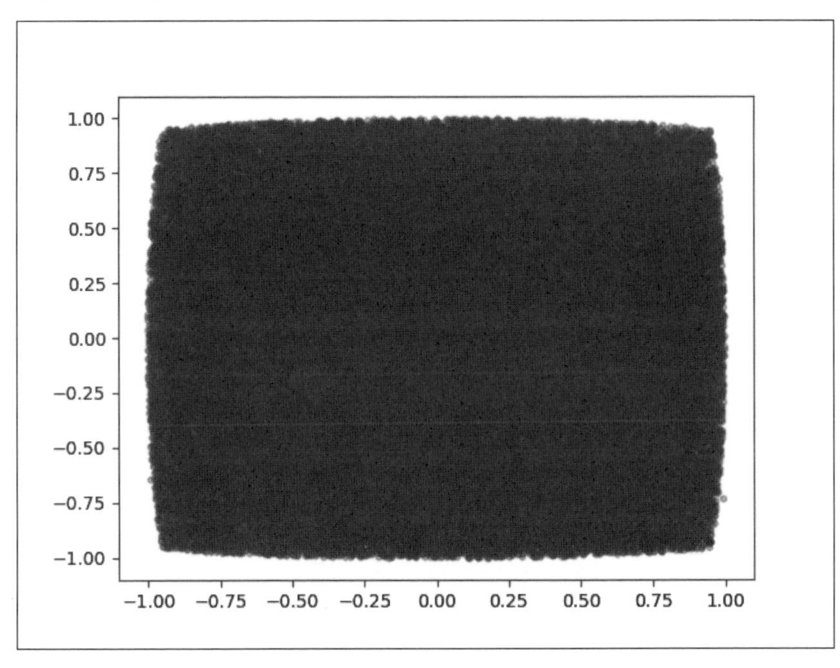

グラフに含まれているノードの数が多すぎて、2次元上での散布図ではグラフの全体像が把握できるようなプロットは難しいようです。

実は、力学モデルによるノードの座標計算は、任意の出力次元数で行うことができるので、この「`spring_layout`」関数をグラフ内のノードのベクトル表現を得るための手法として使用することもできます。

```
>>> pos2 = nx.spring_layout(G, iterations=10, threshold=0.001, weight=None, dim=20)
```

力学モデルの計算には多少時間がかかりますが、上記のように「dim=20」を引数に指定すれば、20次元空間でのノードの座標が計算されます。

20次元空間内でのデータの分布を見るために、KMeans法でクラスタリングした上で、2次元へと次元削減し、クラスタごとに色分けした図を作成してみます。

```
>>> pl = list(pos.items())
>>> from sklearn.cluster import MiniBatchKMeans
>>> kmean = MiniBatchKMeans(n_clusters=10)
>>> cl = kmean.fit_predict([v for k, v in pl])
>>> from sklearn import decomposition
>>> svd = decomposition.TruncatedSVD(n_components=2)
>>> xy = svd.fit_transform([v for k, v in pl])
>>> pos = dict(zip([k for k, v in pl], xy))
>>> nx.draw_networkx(G, pos, arrows=False, with_labels=False, node_size=10, \
node_color=cl, cmap='gnuplot', edge_color='gray', alpha=0.2)
>>> plt.savefig('network2.png')
```

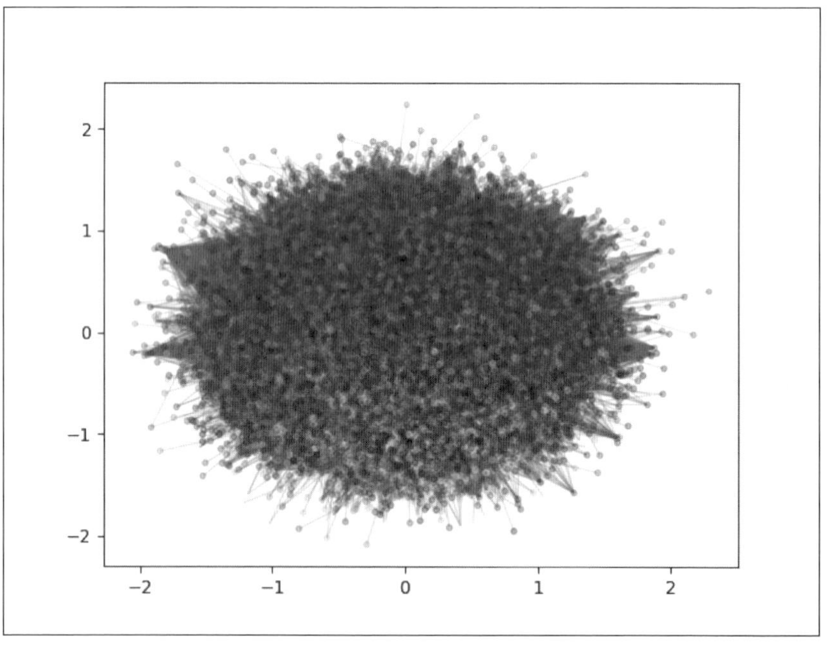

残念ながら、まだノードの分布に特徴的なパターンは見いだすことができません。このように、ある程度以上大きなグラフデータでは、全体を可視化してパターンを発見することは難しく、このことがグラフデータを解析する上での難点となります。

SECTION-022

DeepWalkによるノードのベクトル化

この章では、まず有向グラフ内のノードに対するベクトル表現を求め、そのベクトル表現に対してクラスタリングを行うことで、グラフクラスタリングを近似するモデルを作成します。

グラフ内ノードのベクトルデータ化には、DeepWalkやnode2vecといった手法が知られていますが、ここではその中でも動作原理が単純でわかりやすいものとして、DeepWalkによるノードのベクトルデータ化を紹介します。

DeepWalkとは

DeepWalkとはブライアン・ペロッツィ、ラミ・アルフォウ、スティーブン・スキーナによって発表(https://arxiv.org/abs/1403.6652)された、有向グラフの解析手法で、ランダムウォークによるノードのリスト化と、Skip-Gramによるベクトルデータの作成とを組み合わせた手法です。

●DeepWalk

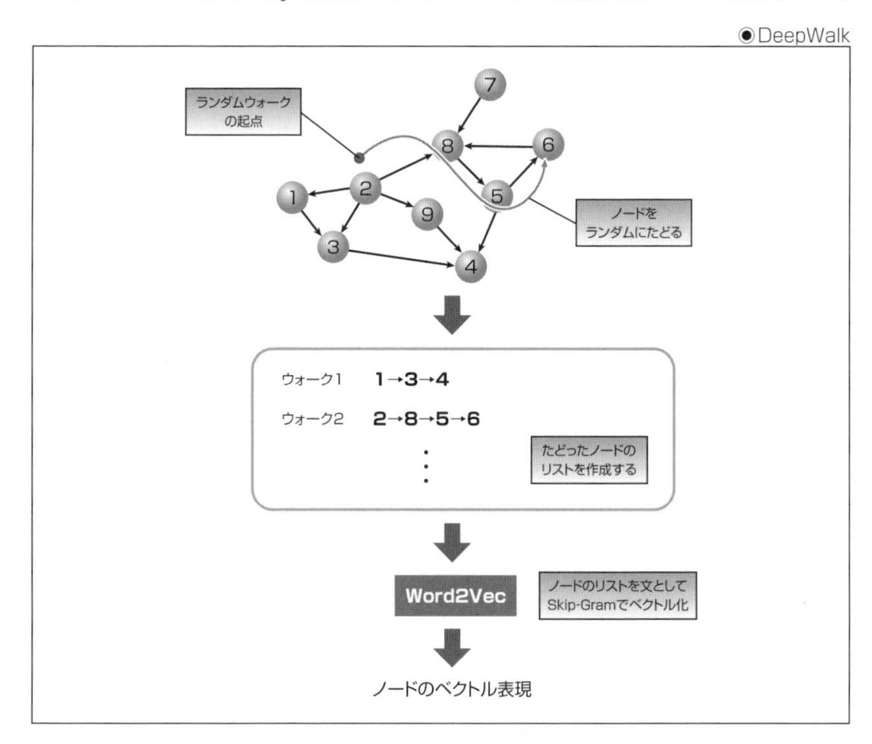

上図のように、DeepWalkでは起点となるノードをランダムに選択し、そのノードからエッジをランダムにたどることで、1つの経路(ウォーク)を作成します。そして、グラフ内のノードすべてが起点になるようなウォークを複数、作成します。各ウォークはノードのリストであり、単語のリストである文章と同じように、Skip-Gramに入力することができます。Skip-Gramによりノードベクトル辞書を作成することで、グラフ内のノードのベクトル表現を取得します。

Skip-GramについてはCHAPTER 06で解説しましたが、Word2Vecという文章から単語ベクトル辞書を作成する手法において使用されており、自然言語文章の解析において良い結果が出力されることが知られています。DeepWalkやnode2vecは、このSkip-Gramによる解析を、グラフデータに対して応用しようというものになります。

なお、DeepWalkのランダムウォークでは、グラフの形によっては起点となるノードへとウォークが戻って来る場合もあります。一方のnode2vecでは、近接ノードに対してもとのノードへ戻る確率を掛け合わせることで、ウォークの逆行を一定程度、防ぐようにしています。

DeepWalkの実装

上記のようにDeepWalkの動作原理は単純なものなので、DeepWalkの実装は簡単にプログラムできます。

まずは「chapt08-1.py」というファイルを作成し、次のコードを保存します。

SOURCE CODE | chapt08-1.pyのコード

```
# -*- coding: utf-8 -*-
import networkx as nx
import numpy as np
import random
from gensim.models import Word2Vec

# データを読み込む
G = nx.read_weighted_edgelist('soc-sign-epinions.txt',
        nodetype=int, create_using = nx.DiGraph())

# ランダムウォークの最大回数
num_walks = 10
# ランダムウォークの最大長さ
max_nodes = 40
# ランダムウォークの結果が入る
walk_result = []
```

このコードは、有向グラフのデータを読み込み、ランダムウォークに必要なパラメーターを指定しているだけです。

◆ランダムウォークの実装

ランダムウォークの実装を行います。これは次のように、ランダムウォークの回数分だけループを回し、その中でグラフ内のすべてのノードをランダム順に起点として、そこから近傍ノードをランダムに選択していきます。

また、この章で扱うグラフは重み付きグラフで、エッジの重みとして「1」か「-1」の値が指定されているので、1つのウォークの中では、同じ重みを持つエッジのみをたどるようにしています。

SOURCE CODE chapt08-1.pyのコード

```
# ランダムウォークを開始
nodes = list(G.nodes())
for i in range(num_walks):
  print('randomwalk %d'%(i+1))
  # グラフ内のすべてのノードをランダム順に起点にする
  random.shuffle(nodes)
  for node in nodes:
    # たどるエッジの値
    edge = random.choice([1,-1])
    # ランダムにノードを辿る
    walk = []
    cur = node
    while len(walk) < max_nodes:
      # Word2Vecの単語用にstr型にする
      walk.append(str(cur))
      # 近傍ノードから特定のweightのエッジのみ抽出
      nbrs = G.neighbors(cur)
      l = [dst for dst in nbrs if G[cur][dst]['weight']==edge]
      # ランダムに選択して次へ
      if len(l) > 0:
        cur = random.choice(l)
      else:
        break
    walk_result.append(walk)
```

◆Skip-Gramの実行

ウォークのリストができれば、あとはSkip-Gramによりベクトルデータを求めるだけとなります。Skip-Gramについては、「gensim」ライブラリにあるWord2VecのAPIを利用して実行するようにして、特段ニューラルネットワークの実装は行いませんでした。

SOURCE CODE chapt08-1.pyのコード

```
# Word2VecでSkip-gramを学習
model = Word2Vec(walk_result, size=120, window=5, min_count=5, workers=4)
model.save('word2vec.model')
```

ここでは120次元のベクトルデータを出力するSkip-Gramモデルを作成しています。

◆最終的なコード

以上の内容をまとめると、ノードのベクトル表現を求めるプログラムのコードは、次のようになります。

SOURCE CODE chapt08-1.pyのコード

```
# -*- coding: utf-8 -*-
import networkx as nx
import numpy as np
import random
from gensim.models import Word2Vec

# データを読み込む
G = nx.read_weighted_edgelist('soc-sign-epinions.txt',
          nodetype=int, create_using = nx.DiGraph())

# ランダムウォークの最大回数
num_walks = 10
# ランダムウォークの最大長さ
max_nodes = 40
# ランダムウォークの結果が入る
walk_result = []

# ランダムウォークを開始
nodes = list(G.nodes())
for i in range(num_walks):
  print('randomwalk %d'%(i+1))
  # グラフ内のすべてのノードをランダム順に起点にする
  random.shuffle(nodes)
  for node in nodes:
    # たどるエッジの値
    edge = random.choice([1,-1])
    # ランダムにノードを辿る
    walk = []
    cur = node
    while len(walk) < max_nodes:
      # Word2Vecの単語用にstr型にする
      walk.append(str(cur))
      # 近傍ノードから特定のweightのエッジのみ抽出
      nbrs = G.neighbors(cur)
      l = [dst for dst in nbrs if G[cur][dst]['weight']==edge]
      # ランダムに選択して次へ
      if len(l) > 0:
        cur = random.choice(l)
      else:
        break
    walk_result.append(walk)
```

```
# Word2VecでSkip-gramを学習
model = Word2Vec(walk_result, size=120, window=5, min_count=5, workers=4)
model.save('word2vec.model')
```

上記のコードを実行すると、「word2vec.model」「word2vec.model.trainables.syn1neg.npy」「word2vec.model.wv.vectors.npy」という3つのファイルが作成され、gensimライブラリのWord2Vecを使用して、グラフ内ノードのベクトルデータを取得できるようになります。

SECTION-023

Deep Embedding Clustering

Deep Embedding Clustering(DEC)とは、ジュニュアン・シャ、ロス・ガーシュック、アリ・ファルハーディーが発表(https://arxiv.org/abs/1511.06335)したニューラルネットワークによる次元削減およびクラスタリングの手法で、オートエンコーダーによる次元削減とクラスタリングを組み合わせて学習することが特徴です。

この章で作成したDECの実装は、ApacheのGitHubにあるサンプル実装(https://github.com/apache/incubator-mxnet/tree/master/example/deep-embedded-clustering)をもとに作成しました。そのため、もとの論文の関数とは若干、異なる箇所がありますが、DECの想定通りの動作は行います。

Deep Embedding Clusteringとは

DECでは、オートエンコーダーによる次元削減とクラスタリングを組み合わせて学習するため、教師なし学習である次元削減と、教師あり学習であるクラス分類とが組み合わさったような動作をします。

高次元の学習データに対してDECを適用すると、出力はオートエンコーダーが出力する次元数の削減されたベクトル表現となります。また、さらに、出力空間内にセントロイドという座標を設定し、すべてのデータがその座標に近づくようなクラスタを生成します。

そのため、DECの出力は、次元数の削減されたベクトル表現のほかに、各セントロイドの座標と、すべてのデータがどのセントロイドに属しているかというラベルも生成されます。

●Deep Embedding Clustering

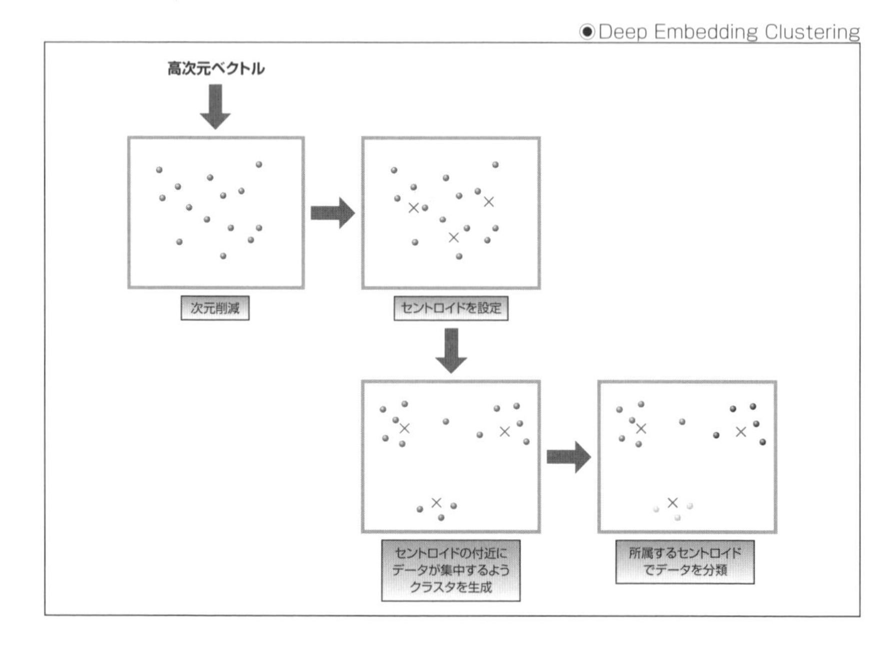

前ページの図は、DECの動作の概要を表しています。

高次元のベクトルデータからなる入力を、異なる次元数を持つ空間へとマッピングする点はCHAPTER 04で紹介したオートエンコーダーと同様ですが、DECではさらに、出力空間内にセントロイドという座標を指定し、セントロイド付近にデータが集中してクラスタを生成するような学習を行います。

また、出力データがどのセントロイドに属しているのかというラベル情報も出力するので、DECは高次元のデータを複数のクラスへと分類する目的に適しています。

◆損失関数の定義

DECの学習では、DEC用の損失関数を使用します。

ニューラルネットワークの出力データ（損失関数の入力データ）の次元数がnとすると、ニューラルネットワークの出力空間では1つの座標は次元数nのベクトルとして表されるので、セントロイドの数がmとすると、各中心値を表すベクトルは、m×nの次元数を持ちます。

◉損失関数の次元数

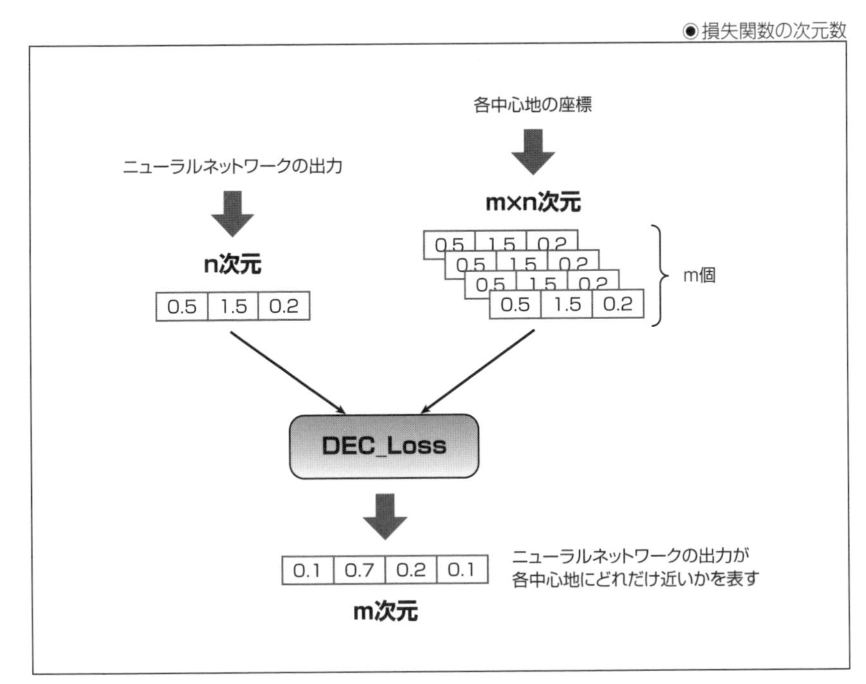

そして、DEC用の損失関数の返す損失の値は次元数mの値となり、ニューラルネットワーク内部のパラメーターと、各セントロイドの座標の両方に対して逆伝播を行います。

◆損失関数の実装

損失関数の詳細は、数式のままではわかりにくいと思うので、実際のコードを見ながら解説をします。まずは、「chapt08model.py」という名前のファイルを作成して、次の内容を保存します。

SOURCE CODE ‖ chapt08model.pyのコード

```
# -*- coding: utf-8 -*-
from mxnet import nd, init
from mxnet import ndarray as F
from mxnet.gluon import Block, Parameter, nn
from mxnet.operator import register, CustomOp, CustomOpProp
from scipy.spatial.distance import cdist
from sklearn.cluster import MiniBatchKMeans
import numpy as np

# カスタムの損失関数
class DECLoss(CustomOp):
  def __init__(self, alpha):
    self.alpha = alpha

  def forward(self, is_train, req, in_data, out_data, aux):

  def backward(self, req, out_grad, in_data, out_data, in_grad, aux):
```

ここではApache MXNetのカスタムオペレーションとして損失関数を実装します。「DECLoss」クラスの「forward」関数に損失の計算(順伝播)を、「backward」に誤差勾配の計算(逆伝播)を実装します。

まず、損失の計算を行う「forward」関数は、次のようになります。

SOURCE CODE ‖ chapt08model.pyのコード

```
def forward(self, is_train, req, in_data, out_data, aux):
  z = in_data[0].asnumpy()
  mu = in_data[1].asnumpy()
  # 入力とそれぞれのセントロイドの距離を求め、逆数を取る
  self.mask = 1.0/(1.0+cdist(z, mu)**2/self.alpha)
  q = self.mask**((self.alpha+1.0)/2.0)
  # 正規化する
  q[:] = (q.T/q.sum(axis=1)).T
  # 結果を出力用変数に格納する
  self.assign(out_data[0], req[0], nd.array(q))
```

ここで、関数の入出力は、「in_data」と「out_data」という引数に与えられた配列を通じて行われます。上記の関数では、「z」と「mu」を損失関数への入力から取り出しています。「z」と「mu」はそれぞれ、損失関数への入力データと、各セントロイドの座標となるベクトルを表します。「cdist」関数は、「scipy」ライブラリにあるベクトル間の距離を求める関数です。

「alpha」は実装上の定数です。そのほかの定数に関する計算を無視すると、損失の計算は結局、入力データのベクトルと各セントロイドの座標との距離の逆数を取り、その結果を正規化していることになります。

また、正規化前の結果を「self.mask」変数に格納していますが、この値は次の逆伝播の際に利用されます。

◆逆伝播の実装

次に、損失関数の逆伝播を行う「backward」関数は、次のようになります。関数の入出力を引数の「in_data」と「out_data」を通じて行うのは同じですが、3つめの入力データとして「p」を取っています。これは、入力データの各セントロイドに属する確率を表す変数で、各セントロイドの個数分の次元数を持ちます。

また、出力の値も2つ設定していますが、これはニューラルネットワークの逆伝播(dz)と、各セントロイドの座標への逆伝播(dmu)を両方行うためです。

SOURCE CODE || chapt08model.pyのコード

```
def backward(self, req, out_grad, in_data, out_data, in_grad, aux):
    q = out_data[0].asnumpy()
    z = in_data[0].asnumpy()
    mu = in_data[1].asnumpy()
    p = in_data[2].asnumpy()
    # それぞれのセントロイドに属する確率で入力値をマスクする
    self.mask *= (self.alpha+1.0)/self.alpha*(p-q)
    # 逆伝播する勾配を計算
    dz = (z.T*self.mask.sum(axis=1)).T - self.mask.dot(mu)
    dmu = (mu.T*self.mask.sum(axis=0)).T - self.mask.T.dot(z)
    # 結果を出力用変数に格納する
    self.assign(in_grad[0], req[0], nd.array(dz))
    self.assign(in_grad[1], req[0], nd.array(dmu))
```

損失の計算の際に求めた入力データと各セントロイド間がどれだけ近いかを表す「self.mask」変数に、入力データの各セントロイドに属する確率を表す「p」と損失の差を掛けています。

そのあとにある勾配の計算は単純な行列計算で、ニューラルネットワークへの誤差を入力データとセントロイドとの差分から作成するものと、セントロイドの座標への誤差をセントロイドの座標と入力データとの差分から計算するものです。

つまり、大まかにいえばDECの損失は、入力データのベクトルが各セントロイドにどれだけ近いかを表す値であり、ニューラルネットワークは損失の値が小さくなる方向へと学習されるので、DECの損失は、損失関数の入力データ(ニューラルネットワークの出力)に対して各セントロイドから遠ざかるような方向性を与えます。

ただし、逆伝播の際にそのデータが各セントロイドに属している確率でマスクがかけられるため、属している確率の高いセントロイドに対するほど誤差は小さく(遠ざかる力は弱い)、属している確率の低いセントロイドに対するほど誤差は大きい(遠ざかる力が強い)ことになります。

また、同様に、各セントロイドの座標についても、自分に属しているデータに対して遠ざかるような力が働くものの、自分に属している確率の高いデータに対する誤差は小さく(遠ざかる力は弱い)、属している確率の低いデータに対する誤差は大きい(遠ざかる力が強い)ことになります。

さらに、損失関数の入力に含まれる各セントロイドに属する確率を表す「p」には、損失からの伝播は行われないので、別の箇所で更新する処理を記述します。

これにより、DECを使用してオートエンコーダーの出力を学習すると、出力の値が特定のセントロイドに引き寄せられていく一方、セントロイド同士は他のセントロイドに引き寄せられた値に反発する形で分散していくことになります。

なお、そのような理想的な学習を行うためには、セントロイドの個数や定数「α」の設定を、学習データに合わせて最適化する必要があります。

モデルの作成

DECの損失と逆伝播を計算するクラスを作成したら、次はカスタムの損失関数とDECの実装となるGluonの階層を作成し、ニューラルネットワークのモデルを構築します。

◆MXNetのカスタム関数の作成

先ほど作成した「DECLoss」クラスは、DECの損失と逆伝播を計算する機能しか持っていないので、これをApache MXNetのカスタム関数から利用できるようにします。

カスタム関数は「CustomOpProp」クラスの派生クラスとして作成するので、「chapt08model.py」ファイル内に次のコードを追加します。

SOURCE CODE | chapt08model.pyのコード

```
# MXNetのカスタム関数のクラス
@register("decloss")
class DECLossProp(CustomOpProp):
  def __init__(self, num_centers):
    self.num_centers = int(num_centers)
    super(DECLossProp, self).__init__(True)

  def infer_shape(self, in_shape):
    # 損失関数への入出力の次元数を指定する関数
    input_shape = in_shape[0]
    batch_size = input_shape[0] # バッチサイズ
    dim = input_shape[1]
    label_shape = (batch_size, self.num_centers) # 中央値のラベル
    mu_shape = (self.num_centers, dim) # 中央値の数×次元数
    out_shape = (batch_size, self.num_centers) # 出力の次元数
    return (input_shape, mu_shape, label_shape), (out_shape,), ()

  def list_arguments(self):
    # 入力する引数の名前のリスト
    return ['data', 'mu', 'label']
```

```
    def list_outputs(self):
        # 出力の名前のリスト
        return ['output']

    def create_operator(self, ctx, in_shapes, in_dtypes):
        # カスタムの損失関数を作成して返す
        return DECLoss(alpha=1.0)
```

最初の「@register("decloss")」は、このあとで作成するクラスをApache MXNetのカスタム関数として利用するというもので、ここでは「decloss」という名前でカスタム関数を利用できるようにしています。

クラス内にある「infer_shape」関数は、入力データと出力データの次元数を返す関数です。また、「list_arguments」と「list_outputs」はカスタム関数の入力と出力の名前のリストを返す関数で、ここでは入力として3つ、出力として1つの名前を返すようにします。損失の計算では2つの入力しか利用しませんでしたが、逆伝播の際に3つの入力を使用しているので入力には3つの名前が必要です。

最後に、「create_operator」関数で、先ほど作成した「DECLoss」クラスを返すことで、Apache MXNetのカスタム関数が完成します。

◆ GluonのカスタムBlockの作成

単純なオートエンコーダーでは、入力データに対して出力を行うだけなので、ニューラルネットワークが必要とするのは内部の学習パラメーターだけでした。

しかし、DECでは、各セントロイドの座標と、全データに対してのそれぞれのセントロイドに属する確率というパラメーターも必要とします。そこでここでは、GluonのAPIを使用してDECを扱うためのカスタムBlockを作成し、DECの機能を仮想化することにします。

カスタムBlockはGluonのBlockクラスの派生クラスとして作成し、内部に「mu」と「label」というパラメーターを作成します。このうち、「mu」は各セントロイドの座標を保持するパラメーターで、逆伝播によって値を更新するのでGluonのParameterクラスとして作成します。

また、「label」はそれぞれのセントロイドに属する確率であり、こちらはnumpyのarrayで作成します。

SOURCE CODE | chapt08model.pyのコード

```
# 学習パラメーターを持つGluonのBlock
class DECBlock(Block):
    def __init__(self, num_centers, dim, datasize, **kwargs):
        super(DECBlock, self).__init__(**kwargs)
        self._num_centers = num_centers
        # パラメーターを作成
        self.mu = Parameter('mu', shape=(num_centers, dim), init=init.Zero())
        self.label = np.zeros((datasize, num_centers), dtype=np.float32)
```

次に、先ほど作成した「DECBlock」クラスの中に、次の関数を作成します。これは、DECのパラメーターを初期化するものと、現在のパラメーターを取得するものです。

SOURCE CODE ‖ chapt08model.pyのコード

```
ef init_centers(self, ctx, centers):
  # パラメーターの初期値を設定
  self.mu.initialize(ctx=ctx)
  self.mu.set_data(centers)

def get_centers(self):
  # DECの現在のセントロイドを取得
  return np.array([x.asnumpy() for x in self.mu.data()])

def get_labels(self):
  # DECの現在のラベルを取得
  return np.array([np.argmax(x) for x in self.label])
```

◆パラメーターの更新

次に、「DECBlock」クラスの順伝播を行うコードを作成します。この場合、実際の処理は「DECLoss」クラスに作成しているので、あとは作成したカスタム関数呼び出すだけですが、そのためには次のように、登録した名前を使用して「Custom」関数を実行します。

SOURCE CODE ‖ chapt08model.pyのコード

```
def forward(self, x, idxs):
  ctx = x.context
  lbl = nd.array(self.label[idxs])
  # MXNetのカスタム関数として実行
  return nd.Custom(x, self.mu.data(ctx), lbl,
      num_centers=self._num_centers, op_type='decloss')
```

これにより、ニューラルネットワークの実行時に計算グラフが作成されて、ニューラルネットワークの順伝播と逆伝播が可能になります。

また、DECでは逆伝播とは別に、それぞれのセントロイドに属する確率である「label」パラメーターを更新するので、そのための関数も作成します。

SOURCE CODE ‖ chapt08model.pyのコード

```
def update(self, loss, idxs):
  ctx = loss.context
  p = loss.asnumpy()
  # 損失の値を所属するセントロイドの可能性に戻す
  weight = 1.0 / p.sum(axis=0)
  weight *= self._num_centers / weight.sum()
  p = (p**2)*weight
  p = (p.T/p.sum(axis=1)).T
  # 更新前と後のラベルの位置の差分の平均値を返す
  diff = np.argmax(self.label[idxs], axis=1) - np.argmax(p, axis=1)
```

```
        cd = np.count_nonzero(diff) / p.shape[0]
        # 分類のラベルを更新
        self.label[idxs] = p
        return cd
```

それぞれのセントロイドに属する確率は、セントロイドの座標から損失を計算するときにすでに求めているので、あとは損失の値から正規化を戻して、もとのデータを作成するだけです。

なお、DECにおいては、損失関数の返す損失は、すべてのセントロイドに対する可能性のリストなので、これまでの章のように損失の値の平均値を取ると、その値はすべて「1」になってしまいます。そのため、DECでは損失の値を表示しても学習の進展を把握することができません。

そこで、学習の際に、どのセントロイドに属しているかというラベルが、どのくらい変化したかという数値を、学習の進展を把握するために使用します。

ここで作成した「update」関数の戻り値は、そのラベルがどのくらい変化したかという数値になります。

◆オートエンコーダーの作成

DECでは、次元削減の段階における事前学習として、オートエンコーダーを使用します。オートエンコーダーの後半部分は事前学習の際にのみ利用され、DECの学習時には伝播が行われません。

オリジナルのDECの実装では、オートエンコーダー部分もさらに、CHAPTER 04で紹介したStacked Autoencodersを利用しているのですが、解説が冗長になってしまうので、本書では通常のオートエンコーダーを利用するようにしました。その代わりに、学習が安定するように活性化関数として**LeakyReLU**を使用しています。

まずは次のように、モデルとなるクラスを作成し、オートエンコーダーに必要なDense層と、先ほど作成したDECの層とを作成します。

SOURCE CODE | chapt08model.pyのコード

```
# オートエンコーダー+DECのモデル
class Model(Block):
  def __init__(self, num_centers, inputdim, outputdim, hiddendim, datasize, **kwargs):
    super(Model, self).__init__(**kwargs)
    wi = Uniform(0.2)
    with self.name_scope():
      # オートエンコーダーの階層
      self.dense1 = nn.Dense(hiddendim, weight_initializer=wi)
      self.dense2 = nn.Dense(hiddendim//2, weight_initializer=wi)
      self.dense3 = nn.Dense(hiddendim//4, weight_initializer=wi)
      self.dense4 = nn.Dense(outputdim, weight_initializer=wi)
      self.dense5 = nn.Dense(hiddendim//4, weight_initializer=wi)
      self.dense6 = nn.Dense(hiddendim//2, weight_initializer=wi)
      self.dense7 = nn.Dense(hiddendim, weight_initializer=wi)
      self.dense8 = nn.Dense(inputdim, weight_initializer=wi)
      self.lrelu1 = nn.LeakyReLU(alpha=0.2)
```

```
        self.lrelu2 = nn.LeakyReLU(alpha=0.2)
        self.lrelu3 = nn.LeakyReLU(alpha=0.2)
        self.lrelu4 = nn.LeakyReLU(alpha=0.2)
        self.lrelu5 = nn.LeakyReLU(alpha=0.2)
        self.lrelu6 = nn.LeakyReLU(alpha=0.2)
        self.lrelu7 = nn.LeakyReLU(alpha=0.2)
        # DECの層
        self.dec = DECBlock(num_centers, outputdim, datasize)
```

次に、オートエンコーダーとしての順伝播と、中間層からデータを取り出す関数を作成します。オートエンコーダーとしてのニューラルネットワークの動作については、CHAPTER 04を参考にしてください。

SOURCE CODE ‖ chapt08model.pyのコード

```
def forward(self, x):
    # オートエンコーダーとして順伝播
    xx = self.lrelu1(self.dense1(x))
    xx = self.lrelu2(self.dense2(xx))
    xx = self.lrelu3(self.dense3(xx))
    xx = self.lrelu4(self.dense4(xx))
    xx = self.lrelu5(self.dense5(xx))
    xx = self.lrelu6(self.dense6(xx))
    xx = self.lrelu7(self.dense7(xx))
    return self.dense8(xx)

def manifold(self, x):
    # オートエンコーダーとして次元削減
    xx = self.lrelu1(self.dense1(x))
    xx = self.lrelu2(self.dense2(xx))
    xx = self.lrelu3(self.dense3(xx))
    return self.dense4(xx)
```

次に、DECとしての学習に使用する関数を作成します。

順伝播のための関数は、先ほどのオートエンコーダーの中間層からデータを取り出すコードに、DECとしての損失を求める層をつなげたものになります。また、セントロイドに属する確率を更新する関数も作成しますが、これはDECの層に作成した「update」関数を呼び出すだけです。

SOURCE CODE ‖ chapt08model.pyのコード

```
def decloss(self, x, idxs):
    # DECの損失を返す
    xx = self.lrelu1(self.dense1(x))
    xx = self.lrelu2(self.dense2(xx))
    xx = self.lrelu3(self.dense3(xx))
    return self.dec(self.dense4(xx), idxs)
```

```
def update(self, loss, idxs):
  # DECの更新
  return self.dec.update(loss, idxs)
```

◆ セントロイドの初期化関数

次に、セントロイドの座標を初期化する関数を作成します。

セントロイドの座標の初期化は、どのようなクラスタを生成するかという、DECの学習において重要な要素を定義します。DECのもとの論文では、事前学習したオートエンコーダーの出力をもとに、KMeans法によるクラスタの重心位置を、セントロイドの座標としています。

ここでは、もとの論文と同じくKMeans法による重心位置のほかに、指定したデータの座標を使用してセントロイドの座標を初期化できるようにしました。これにより、オートエンコーダーとは別のアルゴリズムによって作成された特徴量をもとに、特徴的なノードと、そのノードに近いノードを同じラベルになるように学習させることが可能になります。

SOURCE CODE ‖ chapt08model.pyのコード

```
def init_dec(self, x, bs=100, idxs=None):
  ctx = x.context
  if idxs:
    # 指定されたデータを次元削減
    xx = self.manifold(x[idxs])
    # 指定されたデータの場所で初期化
    self.dec.init_centers(ctx, xx.asnumpy())
  else:
    xxx = []
    for i in range(max(1, x.shape[0] // bs)):
      s = i * bs
      e = min(x.shape[0], s + bs)
      # 全データを次元削減
      xx = self.manifold(x[s:e])
      xxx.extend(xx.asnumpy().tolist())
    # データをK-Means法でクラスタリング
    kmean = MiniBatchKMeans(n_clusters=self.dec._num_centers)
    kmean.fit(xxx)
    # K-Means法のセントロイドで初期化
    self.dec.init_centers(ctx, kmean.cluster_centers_)
```

モデルの学習

ニューラルネットワークのモデルを作成したら、実際にデータを読み込み、モデルを機械学習させます。

◆データの読み込み

まずは、「chapt08-2.py」という名前のファイルを作成し、グラフのデータを読み込んで、DeepWalkのモデルを読み込むコードを保存します。また、作成するセントロイドの数もコードのはじめで定義します。そのためのコードは次のようになります。

SOURCE CODE | chapt08-2.pyのコード

```
# -*- coding: utf-8 -*-
import networkx as nx
import numpy as np
import random
from gensim.models import Word2Vec

# 作成するセントロイドの数
num_centers = 6
# セントロイドを求める方法
center_alg = 'kmeans'  # or center_alg = 'pagerank'
# データを読み込む
G = nx.read_weighted_edgelist('soc-sign-epinions.txt',
          nodetype=int, create_using = nx.DiGraph())
# Word2Vecを読み込む
model = Word2Vec.load('word2vec.model')
```

次に、グラフ中にある全ノードを、ベクトル表現にし、Apache MXNetのNDArray形式に変換します。

SOURCE CODE | chapt08-2.pyのコード

```
# ノードのリストからデータを作成
X = []
I = []
nodes = list(G.nodes())
for n in nodes:
  w = str(n)
  if w in model.wv:
    X.append(model.wv[w])
    I.append(n)

# Apache MXNetのデータにする
from mxnet import nd
X = nd.array(X)
```

また、学習の途中でその時点での次元削減とDECの結果を、csvファイルに保存する関数を作成します。

ここでは、現在の次元削減となるノードの座標と、それぞれのノードの属するセントロイドを「result<番号>.csv」に、セントロイドの座標を「center<番号>.csv」に保存するようにしました。

SOURCE CODE | chapt08-2.pyのコード

```
# 結果を保存する
import pandas as pd
n_graph = 0
def make_result():
  global n_graph
  n_graph = n_graph + 1
  # 次元削減の結果を取得
  manifold = model.manifold(X).asnumpy()
  # DECの状態を取得
  labels = model.dec.get_labels()
  centers = model.dec.get_centers()
  # csvで保存
  df_result = pd.DataFrame({'node':I, 'label':labels, 'x': manifold[:,0],'y': manifold[:,1]})
  df_result.to_csv('result%d.csv'%n_graph, index=False)
  df_center = pd.DataFrame({'x': centers[:,0],'y': centers[:,1]})
  df_center.to_csv('center%d.csv'%n_graph, index=False)
```

◆ニューラルネットワークの事前学習

そして、オートエンコーダーとして事前学習を行いますが、このコードはこれまでの章と同じです。Stacked Autoencodersではなく通用のオートエンコーダーとして作成しているので、損失関数はL2Lossを使用し、入力データと出力データが同じになるようにニューラルネットワークを学習させます。

SOURCE CODE | chapt08-2.pyのコード

```
# Apache MXNetを使う準備
from mxnet import autograd
from mxnet import cpu
from mxnet.gluon import Trainer
from mxnet.gluon.loss import L2Loss

# モデルをインポートする
import chapt08model

# モデルを作成する
model = chapt08model.Model(num_centers, X.shape[1], 2, 100, X.shape[0])
model.initialize(ctx=[cpu(0),cpu(1),cpu(2),cpu(3)])

# 学習アルゴリズムを設定する
```

```
trainer = Trainer(model.collect_params(),'adam')
loss_func = L2Loss()

# 機械学習を開始する
print('start pretraining...')
batch_size = 1000
epochs = 100
loss_n = [] # ログ表示用の損失の値

trainer.set_learning_rate(0.001) # 学習率を設定
for epoch in range(1, epochs + 1):
  # ランダムに並べ替えたインデックスを作成
  indexs = np.random.permutation(X.shape[0])
  cur_start = 0
  while cur_start < X.shape[0]:
    # ランダムなインデックスから、バッチサイズ分のウィンドウを選択
    cur_end = (cur_start + batch_size) if (cur_start + batch_size) < X.shape[0] else X.shape[0]
    data = X[indexs[cur_start:cur_end]]
    # ニューラルネットワークを順伝播
    with autograd.record():
      output = model(data)
      # 損失の値を求める
      loss = loss_func(output, data)
    # 損失の値から逆伝播する
    loss.backward()
    # 学習ステータスをバッチサイズ分進める
    trainer.step(batch_size, ignore_stale_grad=True)
    cur_start = cur_end
```

◆DECの学習

次に、DECの学習を行いますが、その前にセントロイドの座標を初期化する必要があります。セントロイドの座標は、もとの論文のようにKMeans法による重心位置を利用するケースと、特定のデータの座標を利用するケースがあります。

特定のデータの座標を利用するケースとしてここでは、PageRankアルゴリズムによるランクの大きなノードを取り出して、特徴的なノードとし、そのノードに対するオートエンコーダーの出力値を、セントロイドの座標の初期値とするパターンを作成しました。

SOURCE CODE | chapt08-2.pyのコード

```
print('start training...')
if center_alg == 'pagerank':
  # Pagerankアルゴリズムでノードの値を取得
  rank = nx.pagerank(G, weight=None)
  # Rankでソートし、最大セントロイド数を作成
  cent = sorted(rank.items(), key=lambda x:x[1])[::-1]
  cent = cent[0:num_centers]
```

```
  # centはノードIDなのでXのインデックスにする
  idxs = [c for c in range(len(X)) if I[c] in cent]
  # DECを初期化
  model.init_dec(X, bs=batch_size, idxs=idxs)
else:
  # DECを初期化
  model.init_dec(X, bs=batch_size)
```

そして、DECの学習を行います。そのためのコードは先ほどの事前学習の場合とほぼ同じですが、設定する学習率の値と学習回数が異なっているのと、ログの表示について、損失の値の平均値ではなく、「update」関数が返す、それぞれのセントロイドに属しているかというラベルが変更された数の平均値を、代わりに表示しています。

SOURCE CODE | chapt08-2.pyのコード

```
trainer.set_learning_rate(0.0001) # 学習率を設定
epochs = 1000 # 学習回数を設定
for epoch in range(1, epochs + 1):
  # ランダムに並べ替えたインデックスを作成
  indexs = np.random.permutation(X.shape[0])
  cur_start = 0
  while cur_start < X.shape[0]:
    # ランダムなインデックスから、バッチサイズ分のウィンドウを選択
    cur_end = (cur_start + batch_size) if (cur_start + batch_size) < X.shape[0] else X.shape[0]
    data = X[indexs[cur_start:cur_end]]
    # ニューラルネットワークを順伝播
    with autograd.record():
      loss = model.decloss(data, indexs[cur_start:cur_end])
    # 損失の値から逆伝播する
    loss.backward()
    # セントロイドの可能性リストを更新する
    n = model.update(loss, indexs[cur_start:cur_end])
    # ログ表示用に距離を保存
    loss_n.append(np.mean(n))
    # 学習ステータスをバッチサイズ分進める
    trainer.step(batch_size, ignore_stale_grad=True)
    cur_start = cur_end
  # ログを表示
  if epoch % 100 == 0:
    ll = np.mean(loss_n)
    print('%d epoch distance=%f...'%(epoch,ll))
    loss_n = []
    make_result()
```

◆最終的なコード

以上の内容を合わせると、DECの学習を行うプログラムのコードは、次のようになります。

SOURCE CODE | chapt08-2.pyのコード

```
# -*- coding: utf-8 -*-
import networkx as nx
import numpy as np
import random
from gensim.models import Word2Vec

# 作成するセントロイドの数
num_centers = 6
# セントロイドを求める方法
center_alg = 'kmeans' # or center_alg = 'pagerank'
# データを読み込む
G = nx.read_weighted_edgelist('soc-sign-epinions.txt',
          nodetype=int, create_using = nx.DiGraph())
# Word2Vecを読み込む
model = Word2Vec.load('word2vec.model')

# ノードのリストからデータを作成
X = []
I = []
nodes = list(G.nodes())
for n in nodes:
  w = str(n)
  if w in model.wv:
    X.append(model.wv[w])
    I.append(n)

# Apache MXNetのデータにする
from mxnet import nd
X = nd.array(X)

# 結果を保存する
import pandas as pd
n_graph = 0
def make_result():
  global n_graph
  n_graph = n_graph + 1
  # 次元削減の結果を取得
  manifold = model.manifold(X).asnumpy()
  # DECの状態を取得
  labels = model.dec.get_labels()
  centers = model.dec.get_centers()
```

```
    # csvで保存
    df_result = pd.DataFrame({'node':I, 'label':labels, 'x': manifold[:,0],'y': manifold[:,1]})
    df_result.to_csv('result%d.csv'%n_graph, index=False)
    df_center = pd.DataFrame({'x': centers[:,0],'y': centers[:,1]})
    df_center.to_csv('center%d.csv'%n_graph, index=False)

# Apache MXNetを使う準備
from mxnet import autograd
from mxnet import cpu
from mxnet.gluon import Trainer
from mxnet.gluon.loss import L2Loss

# モデルをインポートする
import chapt08model

# モデルを作成する
model = chapt08model.Model(num_centers, X.shape[1], 2, 100, X.shape[0])
model.initialize(ctx=[cpu(0),cpu(1),cpu(2),cpu(3)])

# 学習アルゴリズムを設定する
trainer = Trainer(model.collect_params(),'adam')
loss_func = L2Loss()

# 機械学習を開始する
print('start pretraining...')
batch_size = 1000
epochs = 100
loss_n = [] # ログ表示用の損失の値

trainer.set_learning_rate(0.001) # 学習率を設定
for epoch in range(1, epochs + 1):
    # ランダムに並べ替えたインデックスを作成
    indexs = np.random.permutation(X.shape[0])
    cur_start = 0
    while cur_start < X.shape[0]:
        # ランダムなインデックスから、バッチサイズ分のウィンドウを選択
        cur_end = (cur_start + batch_size) if (cur_start + batch_size) < X.shape[0] else X.shape[0]
        data = X[indexs[cur_start:cur_end]]
        # ニューラルネットワークを順伝播
        with autograd.record():
            output = model(data)
            # 損失の値を求める
            loss = loss_func(output, data)
        # 損失の値から逆伝播する
        loss.backward()
        # 学習ステータスをバッチサイズ分進める
        trainer.step(batch_size, ignore_stale_grad=True)
```

```
    cur_start = cur_end

print('start training...')
if center_alg == 'pagerank':
  # PagerankアルゴリズムでノードIの値を取得
  rank = nx.pagerank(G, weight=None)
  # Rankでソートし、最大セントロイド数を作成
  cent = sorted(rank.items(), key=lambda x:x[1])[::-1]
  cent = cent[0:num_centers]
  # centはノードIDなのでXのインデックスにする
  idxs = [c for c in range(len(X)) if I[c] in cent]
  # DECを初期化
  model.init_dec(X, bs=batch_size, idxs=idxs)
else:
  # DECを初期化
  model.init_dec(X, bs=batch_size)

trainer.set_learning_rate(0.0001) # 学習率を設定
epochs = 1000 # 学習回数を設定
for epoch in range(1, epochs + 1):
  # ランダムに並べ替えたインデックスを作成
  indexs = np.random.permutation(X.shape[0])
  cur_start = 0
  while cur_start < X.shape[0]:
    # ランダムなインデックスから、バッチサイズ分のウィンドウを選択
    cur_end = (cur_start + batch_size) if (cur_start + batch_size) < X.shape[0] else X.shape[0]
    data = X[indexs[cur_start:cur_end]]
    # ニューラルネットワークを順伝播
    with autograd.record():
      loss = model.decloss(data, indexs[cur_start:cur_end])
    # 損失の値から逆伝播する
    loss.backward()
    # セントロイドの可能性リストを更新する
    n = model.update(loss, indexs[cur_start:cur_end])
    # ログ表示用に距離を保存
    loss_n.append(np.mean(n))
    # 学習ステータスをバッチサイズ分進める
    trainer.step(batch_size, ignore_stale_grad=True)
    cur_start = cur_end
  # ログを表示
  if epoch % 100 == 0:
    ll = np.mean(loss_n)
    print('%d epoch distance=%f...'%(epoch,ll))
    loss_n = []
    make_result()
```

このプログラムを実行すると、次のように学習の進展が表示され、学習が進みます。また、「result1.csv」～「result10.csv」および「center1.csv」～「center10.csv」という名前のファイルが作成されます。

```
$ python3 chapt08-2.py
start pretraining...
start training...
100 epoch distance=0.023226...
200 epoch distance=0.006832...
300 epoch distance=0.005620...
400 epoch distance=0.005141...
500 epoch distance=0.005180...
・・・(略)
```

結果の可視化

先ほどのプログラムを使用してDECの学習を行うと、「result1.csv」～「result10.csv」および「center1.csv」～「center10.csv」という名前で、ニューラルネットワークの実行結果が保存されます。

そこで次は、その結果を図として可視化します。

◆図の作成

図の作成は、この章の最初でデータの確認をしたときと同じように、「networkx」ライブラリの関数を使用してグラフデータを読み込み、ノードの座標を指定してグラフの図を作成します。また、それぞれのノードが属するセントロイドによってノードの色を塗り分けるようにし、少しでも見やすいようにエッジの色はグレーを指定しました。さらにここでは、セントロイドの座標に青色の×印を描くようにして、DECの動作が把握できるようにしています。

指定したcsvファイルを読み込み、グラフの図を保存するプログラムのコードは、次のようになります。

SOURCE CODE | chapt08-2.pyのコード

```
# -*- coding: utf-8 -*-
import networkx as nx
import pandas as pd
import numpy as np
import matplotlib.pyplot as plt
import sys

# データを読み込む
G = nx.read_weighted_edgelist('soc-sign-epinions.txt',
          nodetype=int, create_using = nx.DiGraph())
df = pd.read_csv(sys.argv[1])
df_c = pd.read_csv(sys.argv[2])
# 値のリストにする
node = df['node'].values
```

```
label = df['label'].values
xy = df[['x','y']].values
center = df_c[['x','y']].values
# 図を保存
pos = dict(zip(node, xy))
plt.figure(figsize=(10,10))
nx.draw_networkx(G, pos, arrows=False, with_labels=False,
    node_size=10, node_color=label, cmap='gnuplot', edge_color='gray', alpha=0.2)
plt.plot(center[:,0], center[:,1], 'x', markersize=12, c='blue')
plt.savefig(sys.argv[3])
```

◆実行結果

このプログラムは、次のようにコマンドラインの引数で、ノードの座標が保存されているcsvファイルと、セントロイドの座標が保存されているcsvファイル、出力ファイルの名前を指定します。

```
$ python3 chapt08-3.py result10.csv center10.csv result10.png
```

もとの論文と同じく、K-Means法でセントロイドの座標を初期化したケースでは、グラフの図は次のようになりました。

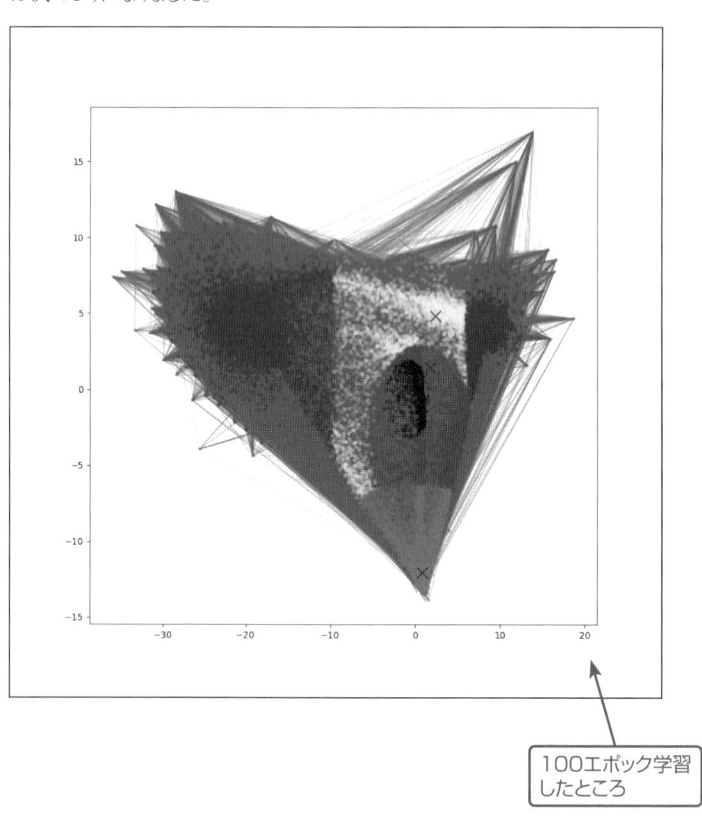

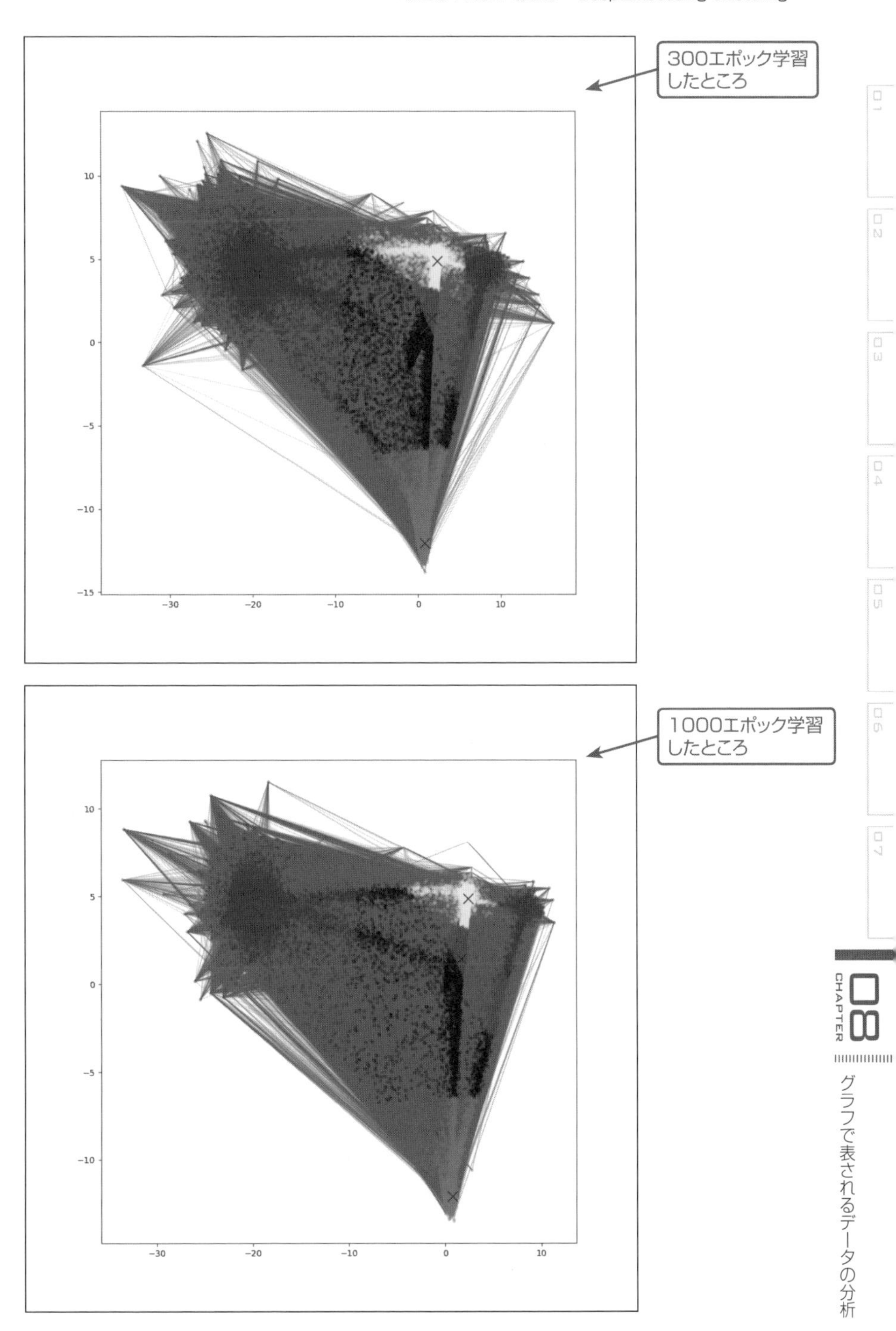
300エポック学習
したところ
1000エポック学習
したところ
10
5
0
−5
−10
−15
−30
−20
−10
0
10

学習が進むごとに、セントロイドの付近にクラスターが生成されてきていることがわかります。

また、PageRankアルゴリズムによるランクの高いノードをセントロイドの初期座標として使用したケースでは、グラフの図は次のようになりました。

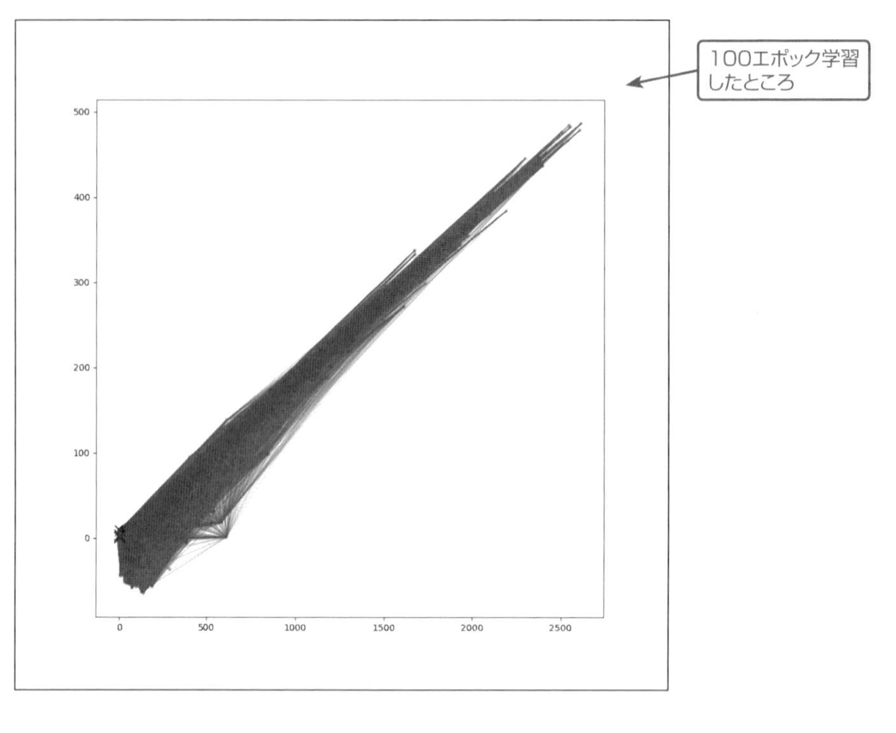

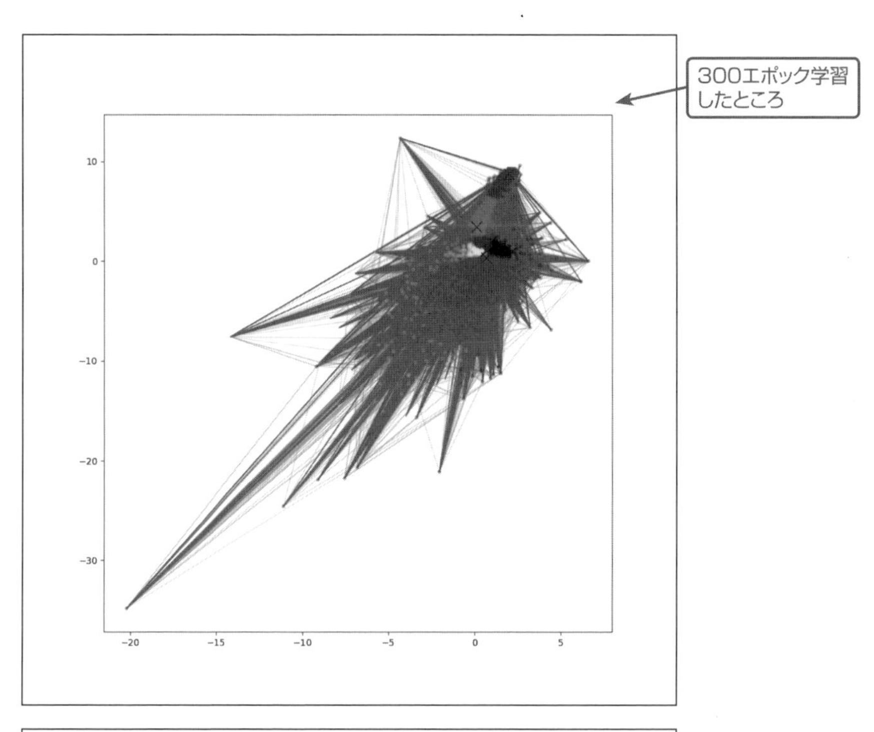

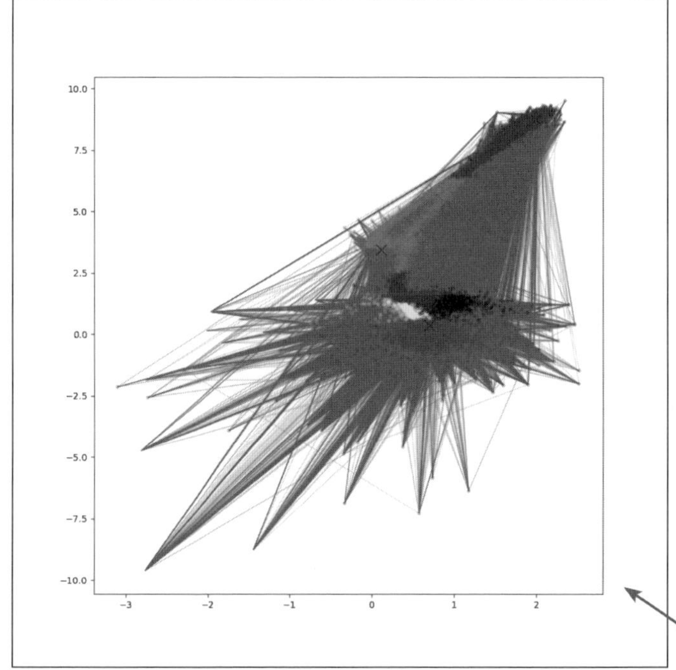

1000エポック学習
したところ

オートエンコーダーによる事前学習では、似た特性を持つノードが近い位置へとマッピングされるので、最初の100エポック学習した段階では、PageRankアルゴリズムによるランクの高いノードを初期座標としたセントロイドの座標も、まだ近い位置にまとまっています。

しかし、300エポック以上学習が進むと、オートエンコーダーによる事前学習の結果が上書きされ、新しい特徴分析をもとに空間内のマッピングが作成されていることがわかります。

COLUMN

グラフに対するニューラルネットワーク

CHAPTER 08では、DeepWalkによるグラフノードのベクトル化を扱いましたが、グラフのデータを機械学習アルゴリズムで利用しようという試みは、執筆時点でまさにさまざまな手法が考案され、発表されつつある分野となっています。

グラフのデータを扱うためには、基本的にはカーネルとなるアルゴリズムと、機械学習アルゴリズムとの組み合わせを行う必要があるのですが、カーネル/機械学習アルゴリズムの両方で、日々、新しい手法が提案されています。

カーネルについてはDeepWalkのようにランダムウォークを使用するもののほかに、昔から知られている**Weisfeiler-Lehmanアルゴリズム**や**Spectral Clusteringアルゴリズム**を応用するものなどが、機械学習アルゴリズムについては**グラフ畳み込みニューラルネットワーク(GCN)**、**グラフオートエンコーダー(GAE)**、**Relational Networks(RNs)**などが、代表的な研究分野となっています。

そのように、グラフに対する機械学習は今が成長分野といえるのですが、それらをすべてここで紹介することはとてもできませんので、コーネル大学による論文検索サイト「arXiv.org」での検索や、sungyongs氏による引用のまとめ(https://github.com/sungyongs/graph-based-nn)などを参考に、最新の手法について学んでみてください。

●arXiv.orgで「neural graph」を検索したところ

Search | arXiv e-print repositor
https://arxiv.org/search/?query=neu
検索
Cornell University Library
We gratefully acknowledge support from the Simons Foundation and member institutions
arXiv.org
Search... All fields Search
Help | Advanced Search
Showing 1–50 of 721 results for all: neural graph
Search v0.2 released 2018-05-04 Feedback?
neural graph All fields Search
Advanced Search
50 results per page. Sort results by Relevance Go
1 2 3 4 5 … Next
1. arXiv:1007.5016 [pdf, ps, other] q-bio.NC
Percolation Approach to Study Connectivity in Living Neural Networks
Authors: Jordi Soriano, Ilan Breskin, Elisha Moses, Tsvi Tlusty
Abstract: We study **neural** connectivity in cultures of rat hippocampal neurons. We measure the neurons' response to an electric stimulation for gradual lower connectivity, and characterize the size of the giant cluster in the network. The connectivity undergoes a percolation transition described by the critical exponent $\beta \simeq 0.65$. We use a theoretic approach based... ▽ More
Submitted 28 July, 2010; originally announced July 2010.

参考文献

◆CHAPTER02　雑多なデータの分類

・Horse Colic Data Set
Mary McLeish, Matt Cecile, UCI Machine Learning Repository
〔https://archive.ics.uci.edu/ml/datasets/Horse+Colic〕

◆CHAPTER03　数値の予想

・Bike Sharing Dataset Data Set
Hadi Fanaee-T, UCI Machine Learning Repository
〔https://archive.ics.uci.edu/ml/datasets/Bike+Sharing+Dataset〕

◆CHAPTER04　教師なし学習とクラスタリング

・GPS Trajectories
M.O.Cruz, H.T.Macedo, R.Barreto, A.P.GuimarÃ£es, UCI Machine Learning Repository
〔https://archive.ics.uci.edu/ml/datasets/GPS+Trajectories〕

・SCDV : Sparse Composite Document Vectors using soft clustering over distributional representations
Dheeraj Mekala, Vivek Gupta, Bhargavi Paranjape, Harish Karnick
〔https://dheeraj7596.github.io/SDV/〕
〔https://arxiv.org/pdf/1612.06778.pdf〕

◆CHAPTER05　自然言語分類

・Wikipedia日英京都関連文書対訳コーパス
国立研究開発法人情報通信研究機構
〔https://alaginrc.nict.go.jp/WikiCorpus/〕

◆CHAPTER06　自然言語文章の分析

・Hierarchical topic models and the nested Chinese restaurant process
David M.Blei, Thomas Griffiths, Michael Jordan, Joshua Tenenbaum
〔https://mimno.infosci.cornell.edu/topics.html〕

・Efficient Estimation of Word Representations in Vector Space
Tomas Mikolov, Kai Chen, Greg Corrado, Jeffrey Dean
〔https://arxiv.org/abs/1301.3781〕

・SCDV : Sparse Composite Document Vectors using soft clustering over distributional representations
Dheeraj Mekala, Vivek Gupta, Bhargavi Paranjape, Harish Karnick
〔https://dheeraj7596.github.io/SDV/〕
〔https://arxiv.org/pdf/1612.06778.pdf〕

・FastText Github
facebookresearch
〔https://github.com/facebookresearch/fastText〕

◆CHAPTER07　画像に対する類似学習

・Fruit-Images-Dataset
Horea
〔https://github.com/Horea94/Fruit-Images-Dataset〕

・Batch Normalization: Accelerating Deep Network Training by Reducing Internal Covariate Shift
Sergey Ioffe, Christian Szegedy
〔https://arxiv.org/abs/1502.03167〕

・FaceNet: A Unified Embedding for Face Recognition and Clustering
Florian Schroff, Dmitry Kalenichenko, James Philbin
〔https://arxiv.org/abs/1503.03832〕

◆CHAPTER08　グラフで表されるデータの分析

・Spectral Networks and Locally Connected Networks on Graphs
Joan Bruna, Wojciech Zaremba, Arthur Szlam, Yann LeCun
〔https://arxiv.org/abs/1312.6203〕

・DeepWalk: Online Learning of Social Representations
Bryan Perozzi, Rami Al-Rfou, Steven Skiena
〔https://arxiv.org/abs/1403.6652〕

・node2vec: Scalable Feature Learning for Networks
Aditya Grover, Jure Leskovec
〔http://snap.stanford.edu/node2vec/〕

・Epinions social network
J.Leskovec, D.Huttenlocher, J.Kleinberg
〔http://snap.stanford.edu/data/soc-sign-epinions.html〕

INDEX

さ行

た行

な行

は行

ま行

や行

ら行

■著者紹介

さかもと　としゆき
坂本 俊之　ココン株式会社　AI戦略室 主任

現在は人工知能を使用したセキュリティ診断や、人工知能に対する欺瞞・攻撃方法の研究を行う。

E-Mail:tanrei@nama.ne.jp

編集担当：吉成明久 / カバーデザイン：秋田勘助（オフィス・エドモント）
写真：©Juri Samsonov - stock.foto

MXNetで作る
データ分析AIプログラミング入門

2018年7月2日　　初版発行

著　者	坂本俊之
発行者	池田武人
発行所	株式会社　シーアンドアール研究所 新潟県新潟市北区西名目所 4083-6（〒950-3122） 電話　025-259-4293　　FAX　025-258-2801
印刷所	株式会社　ルナテック

ISBN978-4-86354-249-5 C3055